2025

全国监理工程师（水利工程）学习丛书

建设工程投资控制
（水利工程）

中国水利工程协会　组织编写

中国水利水电出版社
www.waterpub.com.cn
·北京·

内 容 提 要

根据全国监理工程师职业资格考试水利工程专业科目考试大纲，中国水利工程协会在《建设工程投资控制（水利工程）》（第四版）的基础上组织修订了本书。全书共五章，主要内容包括建设工程投资控制概述、基本知识、前期工作和施工招标的投资控制、施工阶段投资控制、竣工财务决算和项目后评价等。

本书具有较强的实用性，可作为全国监理工程师（水利工程）职业资格考试辅导用书，也可作为其他水利工程技术管理人员的培训用书和大专院校相关专业师生的参考用书。

图书在版编目（CIP）数据

建设工程投资控制 : 水利工程 / 中国水利工程协会组织编写. -- 北京 : 中国水利水电出版社, 2025. 1(2025.3重印). (全国监理工程师（水利工程）学习丛书 : 2025版).
ISBN 978-7-5226-3088-5

Ⅰ. F283

中国国家版本馆CIP数据核字第20257FF754号

书　　名	全国监理工程师（水利工程）学习丛书（2025 版） **建设工程投资控制（水利工程）** JIANSHE GONGCHENG TOUZI KONGZHI (SHUILI GONGCHENG)
作　　者	中国水利工程协会　组织编写
出版发行	中国水利水电出版社 （北京市海淀区玉渊潭南路 1 号 D 座　100038） 网址：www. waterpub. com. cn E-mail：sales@mwr. gov. cn 电话：(010) 68545888（营销中心）
经　　售	北京科水图书销售有限公司 电话：(010) 68545874、63202643 全国各地新华书店和相关出版物销售网点
排　　版	中国水利水电出版社微机排版中心
印　　刷	天津嘉恒印务有限公司
规　　格	184mm×260mm　16 开本　9 印张　213 千字
版　　次	2025 年 1 月第 1 版　2025 年 3 月第 2 次印刷
定　　价	**42.00** 元

建设工程投资控制（水利工程）（第五版）

编 审 委 员 会

序

当前，在以水利高质量发展为主题的新阶段，水利行业深入贯彻落实习近平总书记“节水优先、空间均衡、系统治理、两手发力”治水思路和关于治水重要论述，加快发展水利新质生产力，统筹高质量发展和高水平安全、高水平保护，推动水利高质量发展、保障我国水安全；以进一步全面深化水利改革为动力，着力完善水旱灾害防御体系、实施国家水网重大工程、复苏河湖生态环境、推进数字孪生水利建设、建立健全节水制度政策体系、强化体制机制法治管理，大力提升水旱灾害防御能力、水资源节约集约利用能力、水资源优化配置能力、江河湖泊生态保护治理能力。水利工程建设进入新一轮高峰期，建设投资连续两年突破万亿元，建设项目量大、点多面广，建设任务艰巨，水利工程建设监理队伍面临着新的挑战。水利工程建设监理行业需要积极适应新阶段要求，提供高质量的监理服务。

中国水利工程协会作为水利工程行业自律组织，始终把水利工程监理行业自律管理、编撰专业书籍作为重要业务工作。自2007年编写出版“水利工程建设监理培训教材”第一版以来，已陆续修订了四次。近三年来，水利工程建设领域的一些法律、法规、规章、规范性文件和技术标准陆续出台或修订，适时进行教材修订十分必要。

本版学习丛书主要是在第四版全国监理工程师（水利工程）学习丛书的基础上编写而成的。本版学习丛书总共为9分册，包括：《建设工程监理概论（水利工程）》《建设工程质量控制（水利工程）》《建设工程进度控制（水利工程）》《建设工程投资控制（水利工程）》《建设工程监理案例分析（水利工程）》《水利工程建设安全生产管理》《水土保持监理实务》《水利工程建设环境保护监理实务》《水利工程金属结构及机电设备制造与安装监理实务》。

希望本版学习丛书能更好地服务于全国监理工程师（水利工程）学习、培训、职业资格考试备考，便于从业人员系统、全面和准确掌握监理业务知识，提升解决实际问题的能力，为推动水利高质量发展、保障我国水安全作出新的更大的贡献。

中国水利工程协会

2024年12月6日

前　言

本书是全国监理工程师（水利工程）学习丛书的分册。本版是根据全国监理工程师职业资格考试水利工程专业科目考试大纲《建设工程目标控制》，在第四版全国监理工程师（水利工程）学习丛书的基础上编写而成的。本次编写主要依据现行法律、法规、规章、规范性文件和标准，优化了投资控制基本知识内容，删除了合同管理知识，调整了前期工作和施工招标及施工阶段投资控制内容。全书共五章，主要介绍了水利工程建设投资控制概述、基本知识、各阶段控制要点和控制效果。编写中注重知识的合法性、完整性和实践性，既介绍知识的历史演进，又拓展知识的广度，有一定的前瞻性。

本书由安徽治淮水利投资有限公司何建新主编、统稿，第一章、第二章、第五章由上海宏波工程咨询管理有限公司吴红梅、黄靓、黄孝寅、缪磊、吴晶、谢仄平编写；第三章、第四章由安徽治淮水利投资有限公司何建新、谢文金、蔡白，中国水利工程协会李健编写。全书由中水淮河规划设计研究有限公司伍宛生、华北水利水电大学聂相田主审，由刘英杰、张晓利、沈继华、黄忠赤参与审核。

本书在编写过程中参考和引用了大量文献，谨向文献的作者致以衷心的感谢！

限于编者水平，书中难免有不妥或错误之处，恳请读者批评指正。

编　者

2024年12月6日

目　录

第一章 概 述

随着我国社会主义市场经济体制的建立和不断完善，在建设领域推行以项目法人责任制、建设监理制、招标投标制和合同管理制等为主要内容的建设管理制度已日趋规范，对工程建设管理起到了积极作用。建设项目投资控制正是在这一体制形成和发展过程中产生和发展起来的一门新兴的经济管理学科。

第一节 投 资

建设项目投资控制系统地论述了建设项目投资控制的理论，阐述了建设项目实施的各个阶段投资控制的内容和任务，掌握这些理论知识，运用于建设项目管理，可使建设项目获得最佳的投资效益。

依据国家最新投资相关法律法规及规范性文件等，本节阐述投资以及工程投资的含义及分类、工程造价的概念和工程成本的组成等。

一、投资

（一）投资的概念

投资一般是指经济主体为获取经济效益而垫付货币资金或其他资源用于某些事业的经济活动过程。

投资属于商品经济的范畴。投资活动作为一种经济活动，是随着社会化生产的产生、社会经济和生产力的发展而逐渐产生和发展的。在社会化大生产过程中，投资活动经历了一个发展、变更的过程，使得投资作为资本价值的垫付行为采取了不同形式。在资本主义发展初期，生产资料所有者与经营者尚未分离，多采用直接投资的方式——经济主体将资金直接用于购建固定资产和流动资产，形成实物资产。20 世纪以来，由于社会生产力的高度发展，使得生产资料的占有和使用权相分离，股份制经济的出现和发展，大大加速了分离的过程。因此，目前投资的主要方式是间接投资，即投资者用资金去购买具有同等价值的金融商品，形成金融资产，这些金融商品主要指企业发行的股票和公司债券。随着生产力的进一步发展和世界经济一体化步伐的加快，投资资金的流通已趋于国际化，投资主体通常为获取利润而投放资金于国内或国外，形成资金的国际大循环。

（二）投资的种类

从不同的角度，按照不同的划分方法，投资可以分为以下几类。

1. 按投放途径或方式划分

投资按其投放途径或方式，可分为直接投资和间接投资。

直接投资是将资金直接投入投资项目，形成固定资产和流动资产的投资。其特点是风险较小，但流动性较差。

间接投资是指通过购买股票、债券及其他的特权票据所进行的投资，它形成证券金融资产，包括股票投资、债券投资、信托投资、期货投资等。其特点是流动性好，但风险较大。

2. 按形成资产的性质划分

投资按其形成资产的性质，可分为固定资产投资和流动资产投资。

固定资产投资是指用于购置和建造固定资产的投资。固定资产指在社会再生产过程中，可供较长时间反复使用，使用年限1年以上，单位价值在规定的限额以上，并在其使用过程中基本上不改变原有实物形态的劳动资料和物质资料，如建筑物、房屋、运输工具、机器设备、牲畜等。固定资产投资按再生产的性质和计划管理的要求，包括基本建设投资、更新改造投资和其他固定资产投资。固定资产投资又可按用途的不同，分为生产性建设投资和非生产性建设投资。生产性建设投资指直接用于物质生产或直接为物质生产服务的建设投资，包括农、林、运输、邮电、商业、仓储及建筑业建设等投资。非生产性建设投资指用于非物质生产部门及用于满足人民物质文化生活需要的投资，包括卫生、体育、文化、教育、房地产、公用事业、金融、保险业等的投资。

流动资产投资即用于购置流动资产的投资。流动资产是指在企业的生产经营过程中经常改变其存在状态的资金运用项目，如工业企业的原材料、在产品、产成品，银行存款和库存现金等。流动资产投资，其内容主要包括储备资金、生产资金、产成品资金和货币资金等。

3. 按其时间长短划分

投资按其时间长短分为长期投资和短期投资。

长短期的区分一般以1年为界。1年以上的投资称为长期投资，1年以下的称为短期投资。另有一种分法，是在长短期投资之间再划出一段时期，即指1～5年或1～7年期限的投资，称为中期投资；在5年或7年以上的投资，称为长期投资。

（三）工程投资

工程投资是指某一经济主体为获取工程将来的收益而垫付资金或其他资源用于工程建设的经济活动过程。所垫付资金或资源的价值量表示就是工程投资额，通常也称为工程投资。所以，工程投资一般是指进行某项工程项目建设花费的全部费用。水利基本建设项目按其功能和作用分为公益性、准公益性和经营性三类；按投资规模分为大型项目、中型项目、小型项目，按其对社会和国民经济发展的影响分为中央水利基本建设项目（简称“中央项目”）和地方水利基本建设项目（简称“地方项目”）。

二、工程造价与成本

（一）工程造价的概念

工程造价，是指进行各工程项目的建造所需要花费的全部费用，即从工程项目确定建设意向直到竣工验收为止的整个建设期间所支出的总费用，这是保证工程项目建造正常进行的必要资金，是建设项目投资中最主要的部分。工程造价主要由工程费用和工程其他费用组成。

工程造价具有以下两层含义：

(1) 从投资者的角度，工程造价是指工程的建造价格。即指建设一项工程预期开支或实际开支的全部固定资产投资费用，也就是一项工程通过建设形成相应的固定资产、无形资产和其他资产等所需要一次性费用的总和。

(2) 从承包者的角度，工程造价是指工程价格。即为建成一项工程，预计或实际在建设各阶段（土地市场、设备市场技术劳务市场以及有形建筑市场等）交易活动中所形成的建筑安装工程的价格和建设工程总价格。

(二) 工程成本组成

(1) 从投资者的角度，工程成本即工程总投资，我国现行水利工程投资构成除主体工程外，应根据工程的具体情况，还包括必要的附属工程、配套工程、设备购置以及征地移民、水土保持和环境保护等费用。水利工程投资构成如图 1-1 所示。

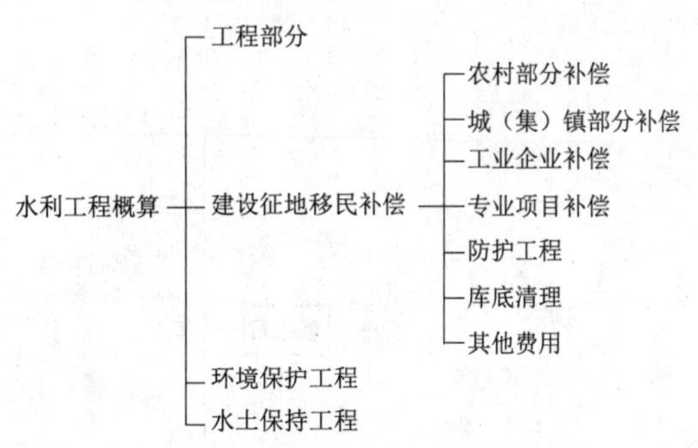

图 1-1　水利工程投资构成

其中，水利工程工程部分费用构成如图 1-2 所示。

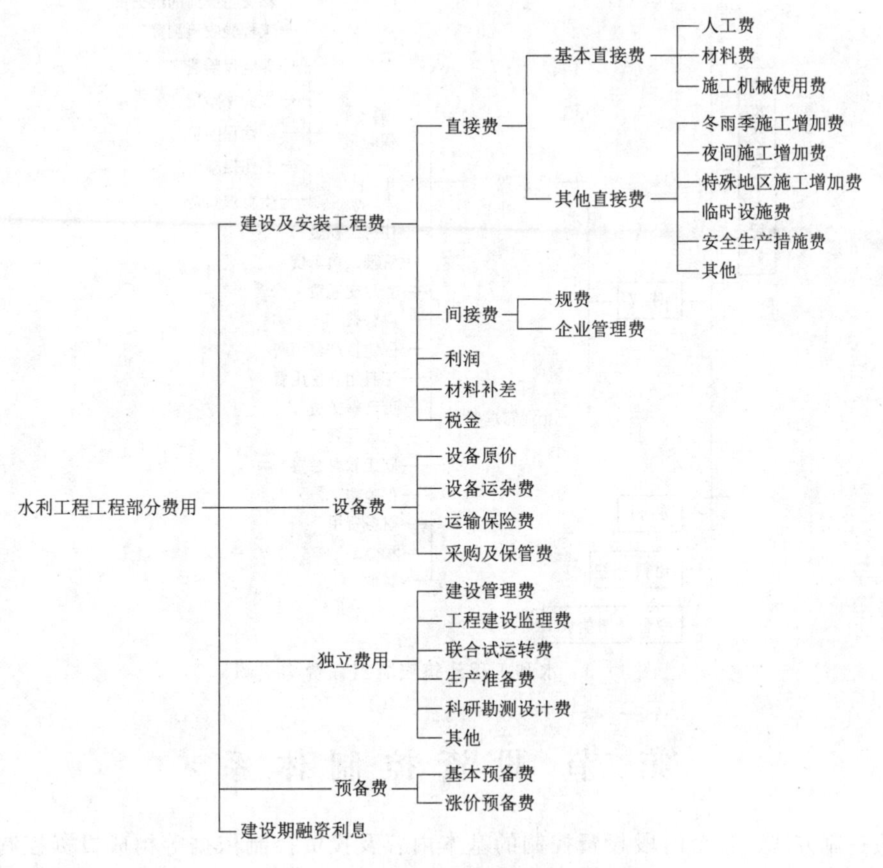

图 1-2　水利工程工程部分费用构成

（2）从承包者的角度，水利工程成本主要是建筑及安装工程费、设备费。水利工程建筑安装工程费构成如图1-3所示。

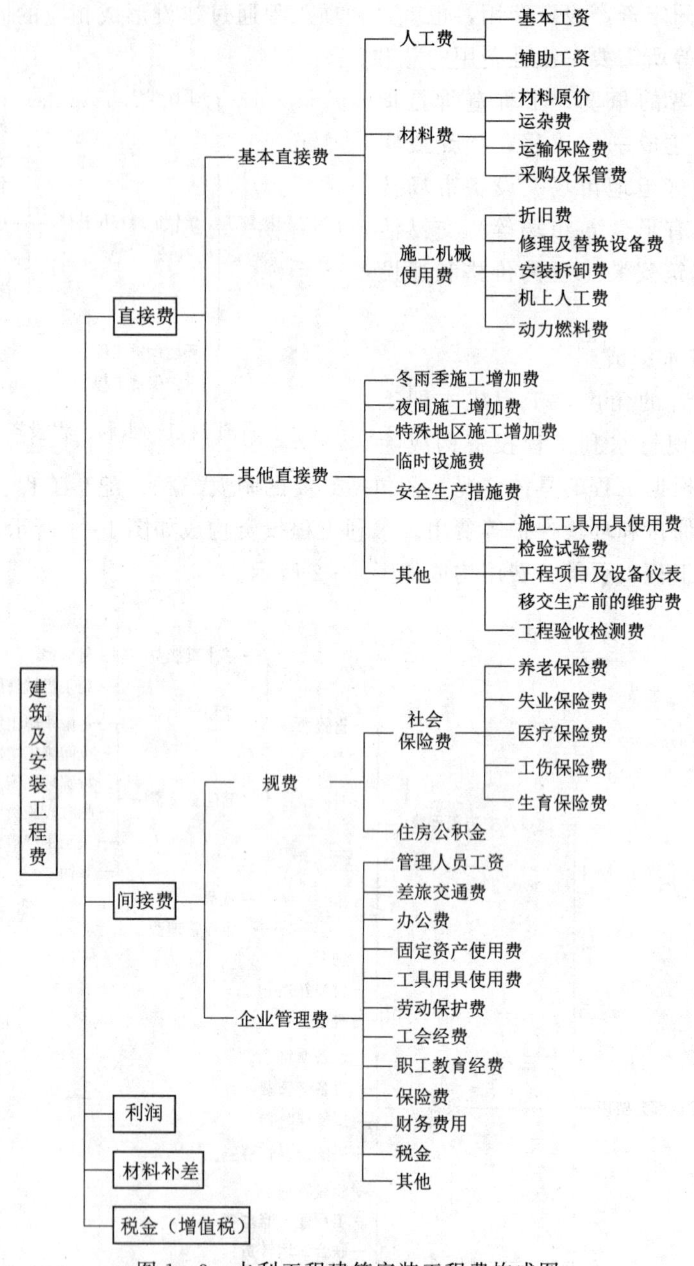

图1-3 水利工程建筑安装工程费构成图

第二节 投资控制体系

投资控制方法、各个阶段投资控制的基本内容及投资控制依据等构成投资控制的完整体系。

一、投资控制方法

(一) 价值工程

1. 价值工程的基本概念

(1) 价值。价值工程中所说的价值，是指产品功能与成本之间的比值，即

$$价值(V)=\frac{功能(F)}{成本(C)} \tag{1-1}$$

简写为

$$V=\frac{F}{C}$$

从式 (1-1) 看出，价值是产品功能与成本的综合反映。价值的高低是评价产品好坏的一种标准。

(2) 功能。所谓功能，是指产品所具有的特定用途，即产品所满足人们某种需要的属性。由于产品的功能只有在使用过程中才能最终体现出来，所以某一产品功能的大小、高低，是由用户所承认、决定的。价值工程所说的功能，是指用户所承认、接受的产品的必要功能。

(3) 成本。所谓成本，指产品寿命周期的成本，即一个产品使用价值从设计、制造、使用，最后到报废的全部过程的成本。产品寿命周期成本的构成见表 1-1。

表 1-1　产品寿命周期成本

设计	制造	使用
制造成本 C_1		使用成本 C_2
产品寿命周期成本 $C=C_1+C_2$		

从表 1-1 看出，产品寿命周期成本包括两部分，即企业付出的制造成本和用户付出的使用成本。用户在购买一个产品时，既要考虑产品的售价（即制造成本），也要考虑使用成本。

2. 价值工程目标上的特征

价值工程的目标是以实现最低的总成本使某产品或作业具有它所必须具备的功能。总成本是指寿命周期成本，包括制造成本和使用成本。在价值工程里，强调的是总成本的降低，即整个系统的经济效果，功能与成本的关系如图 1-4 所示。从图 1-4 看出，对应于功能 F，产品寿命周期成本有一个最低点，从价值工程的角度来看，功能 F 和寿命周期最低成本 $C_{\min}$，是一种技术与经济的最佳结合。

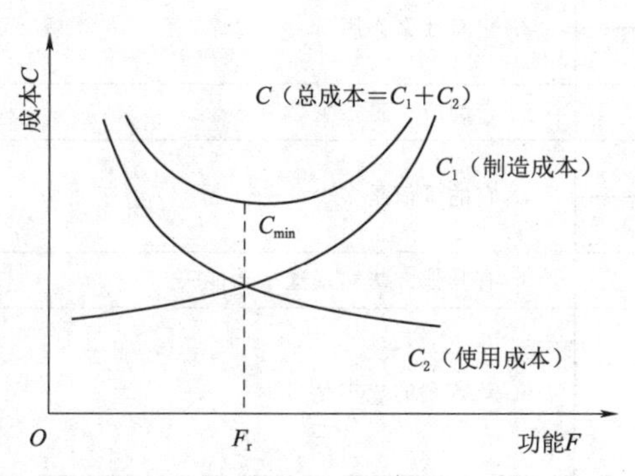

图 1-4　功能与成本的关系

3. 提高产品价值的基本途径

全面正确地认识价值工程的特征，有助于把握其本质，发挥其优势，在设计阶段有效地控制投资。从价值与功能、成本的关系式中可以看出，有以下 5 条基本途径可以提高产品的价值。

(1) 功能不变，成本降低。在保证产品原有功能不变的情况下，通过降低产品成本来提高产品的价值。

$$\frac{F\rightarrow}{C\downarrow}=V\uparrow$$

（2）成本不变，功能提高。在不增加产品成本的前提下，通过提高产品功能来提高产品的价值。

$$\frac{F\uparrow}{C\rightarrow}=V\uparrow$$

（3）成本小幅增加，功能大幅提高。通过增加少量的成本，使产品功能有较大幅度的提高，从而来提高产品的价值。

$$\frac{F\uparrow\uparrow}{C\uparrow}=V\uparrow$$

（4）功能小幅降低，成本大幅降低。根据用户的需要，通过适当降低产品的某些功能，使产品成本有较大幅度的降低，从而提高产品的价值。

$$\frac{F\downarrow}{C\downarrow\downarrow}=V\uparrow$$

（5）功能提高，成本降低。运用新技术、新工艺、新材料，在提高产品功能的同时，又降低了产品的成本，使产品的价格有大幅度的提高。

$$\frac{F\uparrow}{C\downarrow}=V\uparrow\uparrow$$

4. 价值工程的工作程序

设计一个系统或设计一种产品，一般可以是对产品或系统作出决策。对一种产品开展价值工程，其目的是用最低的寿命周期成本实现产品的必要功能。价值工程的工作程序可分为 5 个基本步骤和 15 个具体步骤（表 1－2）。

表 1－2　　价值工程的基本程序

工作阶段	工作步骤		对应的价值工程问题
	基本步骤	具体步骤	
准备阶段	确定目标	1. 选择对象	1. VE 的对象是什么
		2. 收集情报	
分析阶段	功能分析	3. 功能定义	2. 它有什么作用
		4. 功能整理	
	功能评价	5. 功能成本分析	3. 它的成本是多少
		6. 功能评价	4. 它的价值是多少
		7. 确定改进范围	
创新阶段	制定改进方案	8. 方案创新	5. 有其他方法实现这一功能吗
		9. 概略评价	6. 新方案的成本是多少
		10. 调整完善	
		11. 详细评价	
		12. 提案	7. 新方案能可靠地实现必要功能吗

续表

工作阶段	工作步骤		对应的价值工程问题
	基本步骤	具体步骤	
实施阶段	实施评价成果	13. 审批	8. 偏离了目标吗
		14. 实施与检查	
		15. 成果鉴定	

5. 价值工程的应用

从价值工程的工作程序可以看出，价值工程是一个系统过程，本节主要介绍价值工程对象选择的方法、功能评价以及新方案创造的方法。

(1) 价值工程对象选择。选择价值工程对象是逐步缩小研究范围、寻找目标、确定主攻方向的过程。正确选择工作对象是价值工程成功的第一步。选择价值工程对象的原则是：市场反馈迫切要求改进的产品；功能改进和成本降低潜力较大的产品。

选择价值工程对象的方法有经验分析法、百分比法、ABC分析法、价值指数法等，不同的方法适用于不同的价值工程对象，以取得较好的效果。

(2) 功能评价。功能评价就是对组成对象的零部件在功能系统中的重要程度进行定量估计。

功能评价的方法有强制确定法、直接评分法等。强制确定法包括“01”评分法和“04”评分法。

(3) 新方案创造。为了提高产品功能和降低成本，需要寻求最佳替代方案。寻求或构思这种为满足已明确的或潜在的功能需求而开发新构想或新方案的活动过程就是方案的创新过程。价值工程活动能否取得成功，关键在于能否在正确的功能分析和评价的基础上提出实现必要功能的新方案。方案的创新通常可选用头脑风暴法、模糊目标法、专家函询法。

(二) 投资偏差分析

在确定投资控制目标之后，为了有效地进行投资控制，监理人就必须定期地进行投资计划值与实际值的比较，当发现实际值偏离计划值时，应分析产生偏差的原因，采取适当的纠偏措施，以使投资超额量尽可能小。

1. 投资偏差的概念

在投资控制中，把投资的实际值与计划值的差值叫作投资偏差，即

投资偏差＝已完工程实际投资－已完工程计划投资

结果为正表示投资超支，结果为负表示投资节约。但是，必须特别指出，进度偏差对投资偏差分析的结果有重要影响，如果不加考虑就不能正确反映投资偏差的实际情况。比如，某一阶段的投资超支，可能是由于进度超前导致的，所以，必须引入进度偏差的概念，即

进度偏差＝已完工程实际时间－已完工程计划时间

为了与投资偏差联系起来，进度偏差也可表示为

进度偏差＝工程计划投资－已完工程计划投资

工程计划投资，是指根据进度计划安排在某一确定时间内所应完成的工程内容的计划投资，即

工程计划投资＝计划工程量×计划单价

已完工程计划投资＝已完工程量×计划单价

进度偏差结果为正值，表示工期拖后；进度偏差结果为负值，表示工期提前。用上述公式来表示进度偏差，其思路是可以接受的，但表达并不十分严格。在实际应用时，为了便于工期调整，还需将用投资差额表示的进度偏差转换为所需要的时间。

另外，在进行投资偏差分析时，还要考虑以下几组投资偏差参数。

（1）局部偏差和累计偏差。所谓局部偏差，有两层含义：一是对于整个项目而言，指各单项工程、单位工程及分部分项工程的投资偏差；二是对于整个项目已经实施的时间而言，是指每个控制周期所发生的投资偏差。累计偏差是一个动态的概念，其数值总是与具体的时间联系在一起，第一个累计偏差在数值上等于局部偏差，最终的累计偏差就是整个项目的投资偏差。

局部偏差的引入，可清楚地了解偏差发生的时间、所在的单项工程，这有利于分析其发生的原因。而累计偏差所涉及的工程内容较多、范围较大，且原因也较复杂，因而累计偏差分析必须以局部偏差分析为基础。从另一方面来看，因为累计偏差分析是建立在对局部偏差进行综合分析的基础上，所以其结果更能显示出代表性和规律性，对投资控制工作具有指导作用。

（2）绝对偏差和相对偏差。绝对偏差是指投资实际值与计划值比较所得到的差额，绝对偏差的结果很直观，有助于投资管理人员了解项目投资出现偏差的绝对数额，并依此采取一定措施，制定或调整投资支付计划和资金筹措计划。但是，绝对偏差有其不容忽视的局限性。同样是1万元的投资偏差，对于总投资10万元的项目和总投资1000万元的项目而言，其影响显然是不同的。

相对偏差是指投资偏差的相对数或比例数，通常是用绝对偏差与投资计划值的比值来表示。

相对偏差和绝对偏差的符号相同，正值表示投资超支，负值表示投资节约。

2. 投资偏差的分析方法

投资偏差分析可以采用不同的方法，常用的方法有横道图法、表格法和投资曲线法。这里主要介绍投资曲线法（赢值法）。

投资曲线法是用投资累计曲线来进行投资偏差分析的一种方法。投资计划值与投资实际值曲线如图1-5所示。其中，曲线a代表投资实际值，曲线p代表投资计划值，两条曲线之间的竖向距离表示投资偏差。投资实际值曲线在投资计划值曲线上方，表明实际投资已超过计划投资，在某一时刻的差值就是增加的投资数额；反之就是节约的投资数额。

随着项目计划的实施，在加强施工监督和必要的施工检测的同时，收集和掌握实施中各种现场实际信息，经整理统计，就可在绘有计划控制曲线的进度与费用控制图上，对应绘制实际进度与费用支出曲线，如图1-6所示。根据计划完成的各项作业的计划费用支出（计划工作量乘以计划单价），绘制计划费用曲线p。其次根据实际完成或部分完成的

各项作业的原计划费用支出（完成工作量乘以计划单价），绘制已完工和部分完工作业的计划费用曲线 c。再次根据实际完成或部分完成的各项作业的实际费用支出（完成工作量乘以实际单价），绘制已完工和部分完工作业的实际支出费用曲线 a。

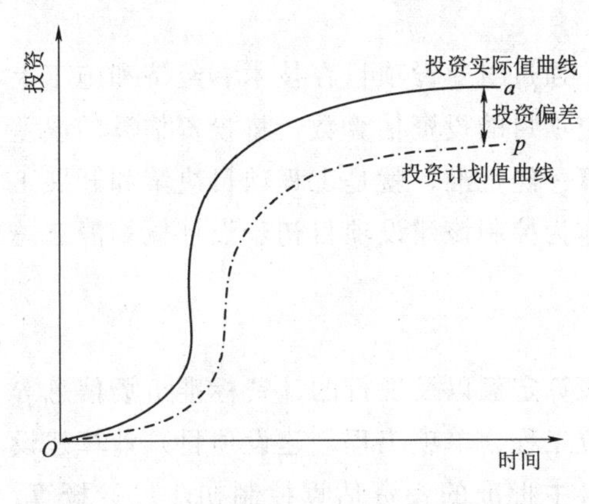

图 1－5　投资计划值与投资实际值曲线

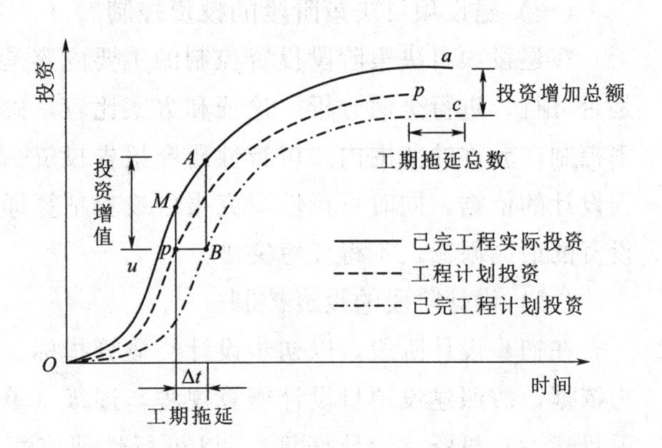

图 1－6　用三条投资曲线进行投资偏差和进度偏差分析

通过图 1－6 进行对比分析可以看出，随着工程的开展，a、c 曲线不断延伸。如果 c、p、a 三条曲线彼此接近或重合，则说明工程按计划进行。实际上，这三条曲线通常是会发生偏离的。当工程进展到某一时刻时，a、p 两条曲线发生了纵向偏离，其差值说明该项工程实际已超支。c、p 两条曲线的横向偏离说明实际完成计划工作量的时间比计划推迟了。应指出的是，这种推迟并不一定说明工程拖期。如果是横道图，要查出这种推迟是否会影响总工期是比较麻烦的。若采用网络计划技术，只要检查出关键作业按计划进行，或者非关键作业未超越允许的浮动时间，则说明这种推迟不会影响总工期。如果检查结果说明工程进度与费用已偏离计划，就应分析并找出产生费用超支和工程拖期的原因。

（1）偏差原因分析。偏差分析的一个重要目的就是要找出引起偏差的原因，从而采取有针对性的措施进行纠偏，以实现投资的动态控制。

一般情况，产生投资偏差的原因有以下几种：

1）物价上涨，包括人工、材料、设备涨价和利率、汇率变化等。

2）设计原因，包括设计错误、设计漏项、设计标准变化等。

3）发包人原因，包括增加项目内容、未及时提供施工场地、组织管理不当、投资规划不当等。

4）施工原因，包括施工方案不当、赶进度、工期拖延等。

5）客观原因，包括社会因素、自然因素、地质条件、法规变化等。

（2）提出对未完工程进度与费用的改进措施。如果检查结果说明工程进度与费用已偏离计划，就应分析并找出产生费用超支和工程拖期的原因。查清了造成工程拖期和费用超支的原因，就要对已开工的未完作业和未开工的作业重新研究降低费用和加速进度的措施。例如采取提高工效或加大施工力量或改变施工方法等措施来压缩后续作业的工期，提高工效与机械效率，减少材料损耗，节约管理费及间接费开支，确定新的计划参数，修改未完工程的进度计划。

二、投资控制内容

（一）建设项目决策阶段的投资控制

在建设项目决策阶段投资控制的主要内容是：通过对建设项目在技术、经济和施工上是否可行，进行全面分析、论证和方案比较，确定项目的投资估算数，将投资估算的误差率控制在允许的范围内。可行性研究报告投资估算一经批准，就是工程项目决策和开展工程设计的依据。同时可行性研究报告投资估算即作为控制该建设项目初步设计概算静态总投资的最高限额，不得任意突破。

（二）设计阶段的投资控制

在初步设计阶段，以初步设计、概算指标、概算定额以及现行的计费标准市场信息等为依据，按照建设项目设计概算规程，逐级（单位工程、单项工程、建设项目）计算建设项目建设总投资（设计概算）。以可行性研究报告中批准的投资估算控制初步设计概算。初步设计提出的设计概算超过经批准的可行性研究报告投资估算10%的，项目主管部门应当向可行性研究报告审批部门报告，并按审批部门要求重新报送可行性研究报告。

在施工图纸设计出来，至交易阶段确定招标控制价、投标报价的这个时段，以建筑安装施工图设计图纸为对象，依据现行的计价规范、消耗量定额、人材机市场价格、费用标准，按照建设项目施工图预算编审规程，逐级（分项工程、分部工程、单位工程、单项工程）计算建筑安装工程造价（施工图预算）。施工图预算比设计概算更详尽和准确，但同样受初步设计概算的控制，不能突破。

（三）项目施工招标阶段的投资控制

项目施工招标阶段投资控制的主要工作内容是：以工程设计文件（包括概算）为依据，结合工程的具体分标情况，编制完善的招标文件，依据招标文件合理预测标底，选择合理的合同计价方式，合理确定工程承包合同价格。

（四）项目施工阶段的投资控制

在项目施工阶段投资控制的主要工作内容有：根据施工合同有关条款、施工图纸，对工程项目投资目标进行风险分析，并制定防范性对策。控制工程计量与支付，控制工程变更，防止和减少索赔，预防和减少风险干扰，按照合同规定付款，使实际投资额不超过项目的计划投资额。

（五）验收审计阶段的投资控制

竣工财务决算是工程项目在竣工验收前对工程项目从筹建到竣工投产全过程中所花费的所有费用的汇总，是核定工程项目总造价的重要工作。项目后评价是项目正常投产后项目实际效果和预期收益的综合评价，是对项目前期工作和建设工程的一个综合评价。

三、投资控制相关规定

投资控制相关规定主要包括水利工程设计概（估）算编制规定及其配套定额、水利工程工程量清单计价规范、国家有关标准施工招标文件、监理规范等。

(一)《水利工程设计概（估）算编制规定》

为适应经济社会发展和水利建设与投资管理的需要，进一步加强造价管理和完善定额体系，合理确定和有效控制水利工程基本建设项目投资，提高投资效益，水利部水利建设经济定额站组织编制了《水利工程设计概（估）算编制规定》（水总〔2014〕429号），并于2014年12月19日发布实施。《水利工程设计概（估）算编制规定》包括工程部分概（估）算编制规定和建设征地移民补偿概（估）算编制规定两部分。工程部分概（估）算编制规定与现行《水利建筑工程概算定额》《水利水电设备安装工程概算定额》等定额配套使用。

(二)《水利建筑工程概算定额》

2002年，水利部以水总〔2002〕116号文发布了《水利建筑工程预算定额》《水利建筑工程概算定额》和《水利机械施工台时费定额》，配套使用《水利工程设计概（估）算编制规定》（2014年，水利部以〔2014〕429号文替代了该规定，但相关定额并未更新）。2005年，水利部发布了《水利工程概预算补充定额》（水总〔2005〕389号）。《水利建筑工程概算定额》是在《水利建筑工程预算定额》的基础上进行编制的，包括土方开挖工程、石方开发工程、土石填筑工程、混凝土工程、模板工程、砂石备料工程、钻孔灌浆及锚固工程、疏浚工程、其他工程共九章及附录。适用于大中型水利工程项目，是编制初步设计概算的依据。

(三)《水利建筑工程预算定额》

1999年，水利部以《关于发布〈水利水电设备安装工程预算定额〉和〈水利水电设备安装工程概算定额〉》（水建管〔1999〕523号）发布了《水利水电设备安装工程定额》。2002年，水利部以《关于发布〈水利建筑工程预算定额〉〈水利建筑工程概算定额〉〈水利工程施工机械台时费定额〉及〈水利工程设计概估算编制规定〉的通知》（水总〔2002〕116号）发布了《水利建筑工程预算定额》；2005年，水利部发布了《水利工程概预算补充定额》（水总〔2005〕389号）。上述预算定额是现行水利工程建设项目施工管理中常用的主要定额。除此之外，施工内容涉及环境保护、水文、水土保持方面的，还要应用其相应预算定额。

《水利建筑工程预算定额》（2002版）包括土方工程、石方工程、砌石工程、混凝土工程、模板工程、砂石备料工程、钻孔灌浆及锚固工程、疏浚工程、其他工程共九章及附录，适用于大中型水利工程项目，是编制《水利建筑工程概算定额》的基础。可作为编制水利工程施工预算、招标最高投标限价和投标报价的参考。

《水利建筑工程预算定额》（2002版）中，人工、机械用量是指完成一个定额子目内容所需的全部人工和机械。包括基本用工和辅助用工，并按其所需技术等级，分别列出工长、高级工、中级工、初级工的工时及其合计数。

《水利建筑工程预算定额》（2002版）中，材料消耗定额（含其他材料费、零星材料费），是指完成一个定额子目内容所需的全部材料耗用量。材料定额中未列明品种、规格的，可根据设计选定的品种、规格计算，但定额数量不作调整。凡材料已列示品种、规格的，编制预算单价时不予调整。

材料定额中，凡一种材料名称之后，同时并列了几种不同型号规格的，如石方工程导线的火线和电线，表示这种材料只能选用其中一种型号规格的定额进行计价；凡一种材料分几种型号规格与材料名称同时并列的，如石方工程中同时并列导火线和导电线，则表示这些名称相同、规格不同的材料都应同时计价。机械定额相似情况以此类推（如运输定额中的自卸汽车）。

其他材料费和零星材料费是指完成一个定额子目的工作内容，所必需的未列量材料费。如工作面内的脚手架、排架、操作平台等的摊销费，地下工程的照明费，混凝土工程的养护用材料，石方工程的钻杆、空心钢等以及其他用量较少的材料。

材料从分仓库或相当于分仓库材料堆放地至工作面的场内运输所需的人工、机械及费用，已包括在各定额子目中。

《水利建筑工程预算定额》（2002 版）中，机械台时定额（含其他机械费用）是指完成一个定额子目工作内容所需的主要机械及次要辅助机械使用费。其他机械费是指完成一个定额子目工作内容所必需的次要机械使用费。如混凝土浇筑现场运输中的次要机械费用；疏浚工程中的油驳等辅助生产船舶费用等。

《水利建筑工程预算定额》（2002 版）中，其他材料费、零星材料费、其他机械费均以费率形式表示，其计算基数如下：

（1）其他材料费以主要材料费之和为计算基数。

（2）零星材料费以人工费机械费之和为计算基数。

（3）其他机械费以主要机械费之和为计算基数。

《水利建筑工程预算定额》（2002 版）中，挖掘机定额均按液压挖掘机拟定。汽车运输定额适用于水利工程施工路况 10km 以内的场内运输，远距超过 10km 时，超过部分按增运 1km 台时数乘系数 0.75 计算。

《水利建筑工程预算定额》（2002 版）中，定额均按不含超挖填量制定。

（四）主要专业工程预算定额

1. 土方工程定额

土方工程定额适用于水利建筑工程的土方工程，包括土方开挖、运输、压实等定额。使用时应遵守下述规定：

（1）土方定额的计量单位，除注明外，均按自然方计算。自然方指未经扰动的自然状态的土方。松方指自然方经人工或机械开挖而松动过的土方。实方指填筑（回填）并经过压实后的成品方。

（2）土方工程定额，除定额规定的工作内容外，还包括挖小排水沟、修坡、清除场地草皮杂物、交通指挥、安全设施及取土场和卸土场的小路修筑与维护工作。

（3）挖掘机、装载机挖土定额系按挖装自然方拟定的，如挖装松土时，人工及挖装机械乘调整系数 0.85。砂砾（卵）石开挖和运输，按Ⅳ类土定额计算。

（4）推土机的推土距离和铲运机的铲运距离是指取土中心至卸土中心的平均距离。推土机推土定额是按自然方拟定的，如推松土时，定额乘调整系数 0.80。

（5）挖掘机、轮斗挖掘机或装载机挖装土（含渠道土方）自卸汽车运输定额，适用于

Ⅲ类土。Ⅰ类、Ⅱ类土人工、机械调整系数均取0.91，Ⅳ类土人工、机械调整系数均取1.09。

2. 混凝土工程定额

混凝土工程定额包括现浇混凝土、碾压混凝土、预制混凝土、沥青混凝土等定额。混凝土工程定额的计量单位除注明外，均为建筑物或构筑物的成品实体方。使用混凝土工程定额应遵守下述规定：

(1) 现浇混凝土包括冲（凿）毛、冲洗、清仓、铺水泥砂浆、平仓浇筑、振捣、养护、工作面运输及辅助工作。预制混凝土包括预制场冲洗、清理、配料、拌制、浇筑、振捣养护，模板制作、安装、拆除、修整，预制场内运输，材料场内运输和辅助工作，预制场内吊移、堆放。

(2) 现浇混凝土定额不含模板制作、安装、拆除、修整；预制混凝土定额中的模板材料均按预算消耗量计算，包括制作（钢模为组装）、安装、拆除、维修的消耗，并考虑了周转和回收。

(3) 钢筋制作安装定额，不分部位、规格型号综合计算。

(4) 混凝土浇筑的仓面清洗及养护用水，地下工程混凝土浇筑施工照明用电，已分别计入浇筑定额的用水量及其他材料费中。

(5) 预制混凝土构件（吊）安装定额仅系（吊）安装过程中所需的人工、材料、机械使用量。制作、运输的费用按预制构件制作和运输定额计算。

(6) 遵守关于混凝土材料的规定。

1) 材料定额中的“混凝土”一项，系指完成单位产品所需的混凝土半成品量，其中包括冲（凿）毛、干缩、施工损耗、运输损耗和接缝砂浆等的消耗量在内。

2) 混凝土半成品的单价，只计算配制混凝土所需水泥、砂石骨料、水、掺和料及其外加剂等的用量及价格各项材料的用量，应按试验资料计算；没有试验资料时，可采用定额附录中的混凝土材料配合比例示量。

3) 混凝土的配料和拌制损耗已含在配合比材料用量中。定额中的混凝土用量，包括了运输、浇筑、凿毛、模板变形、干缩等损耗。

(7) 遵守关于混凝土拌制的规定。

1) 浇筑定额中单独列出“混凝土及砂浆拌制”项目，编制混凝土浇筑单价时，应先根据施工组织设计选定的搅拌机或搅拌楼的容量，选用拌制定额编制拌制单价（只计直接费）。

2) 混凝土拌制定额按拌制常态混凝土拟定，若拌制加冰、加掺和料等其他混凝土以及碾压混凝土等，则按定额调整系数对拌制定额进行调整。

3) 混凝土拌制定额均以半成品方为单位计算，不含施工损耗和运输损耗所消耗的人工、材料、机械的数量和费用。混凝土拌制及浇筑定额中，不包括加冰、骨料预冷、通水等温控所需的费用。

(8) 遵守关于混凝土运输的规定。混凝土运输是指混凝土自搅拌楼（机）出料口至浇筑现场工作面的全部水平运输和垂直运输。运输方式与运输机械由施工组织设计确定。

1）混凝土水平运输，指混凝土从搅拌楼（机）出料口至浇筑仓面（或至垂直吊运起吊点）水平距离的运输；混凝土垂直运输，指混凝土从垂直吊运起点至浇筑仓面垂直距离的运输。

2）混凝土运输定额均以半成品方为单位计算，不含施工损耗和运输损耗所消耗的人工、材料、机械的数量和费用。

3）编制混凝土综合单价时，一般应将运输定额中的工、料、机用量分类合并到浇筑混凝土定额中统一计算综合单价，也可按混凝土运输数量乘以每立方米混凝土运输单价（只计直接费）计入混凝土浇筑综合单价。

4）预算定额各节现浇混凝土定额中的“混凝土运输”数量，已包括完成每一定额单位（通常为 $100m^3$）有效实体混凝土所需增加的超填量及施工附加量等的数量。

3. 砌体工程定额

砌体工程定额适用于水利建筑工程的砌体工程，包括抛石、砌筑、碾压等定额。砌体工程定额的计量单位，除注明外，均按“成品方”计算。其中，砂、碎石为堆方，块石、卵石为码方，条石、料石为清料方。

4. 疏浚工程定额

疏浚工程定额的计量单位，除注明外，均按水下自然方计算。挖泥船定额的人工是指从事辅助工作用工。不包括陆上排泥管线的安装、拆除、排泥场围堰填筑和维修用工。

疏浚工程定额中，绞吸式挖泥船排泥管包括水上浮筒管（含浮筒一组、钢管及胶套管各一根，简称“浮筒管”）及陆上排泥管（简称“岸管”），分别按管径、组长或根长划分。

排泥管线长度是指挖泥区中心至排泥区中心，浮筒管、潜管、岸管各管线长度之和。其中，浮筒管因受水流影响，与挖泥船、岸管连接有弯曲的需要时，按浮筒管中心长度乘以 1.4 的系数计算长度。岸管如受地形、地物影响，可据实计算其长度。如所需排泥管线介于两定额子目之间，按插入法计算。各种排泥管线的组（根）时定额＝排泥管线长÷每（组）根长×挖泥船艘时定额，使用潜管时，应根据设计长度、所需管径及构成，按前式计算。

疏浚工程定额中，挖泥船定额均按非潜管制定，如使用潜管时按该定额子目的人工、挖泥船及配套船舶定额均乘以 1.04 的系数。但潜管潜浮所需的动力装置及充水、充气、控制设备等应根据管径、长度等，另行计列。

（五）《水利工程工程量清单计价规范》

《水利工程工程量清单计价规范》（GB 50501—2007）分为总则、术语、工程量清单编制、工程量清单计价、工程量清单及其计价格式共五章及附录。该规范适用于水利枢纽、水力发电、引（调）水、供水、灌溉、河湖整治、堤防等新建、扩建、改建、加固工程的招标投标工程量清单编制和计价活动。

该规范于 2007 年 4 月 6 日发布，2007 年 7 月 1 日实施。其中第 3.2.2、3.2.3、3.2.4（1）、3.2.6（1）条（款）为强制性条文，必须严格执行。

（六）《标准施工招标文件》（2007 年发布，2013 年修正）

2007 年 11 月 1 日，国家发展改革委、财政部、建设部、铁道部、交通部、信息产业部、水利部、民航总局、广电总局联合发布了《标准施工招标文件》，根据2013年3月11日国家发展改革委、工业和信息化部、财政部、住房城乡建设部、交通运输部、铁道部、水利部、广电总局、民航局联合发布的《关于废止和修改部分招标投标规章和规范性文件的决定》修正，自发布之日起施行。

《标准施工招标文件》共四卷八章，具体章节见表1-3。

表1-3 《标准施工招标文件》组成表

卷号	章号	章　名
第一卷	第一章	招标公告（未进行资格预审）
		投标邀请书（适用于邀请招标）
		投标邀请书（代资格预审通过通知书）
	第二章	投标人须知
	第三章	评标办法（经评审的最低投标价法）
		评标办法（综合评估法）
	第四章	合同条款及格式
	第五章	工程量清单
第二卷	第六章	图纸
第三卷	第七章	技术标准和要求
第四卷	第八章	投标文件格式

(七)《水利水电工程标准施工招标文件》

为加强水利水电工程施工招标管理，规范招标文件编制工作，在国家发展改革委等九部委联合编制的《标准施工招标文件》基础上，结合水利水电工程特点和行业管理需要，水利部组织编制了《水利水电工程标准施工招标文件》(2009年版)，并于2009年12月29日发布，2010年2月1日施行。

《水利水电工程标准施工招标文件》(2009年版)分为商务部分和技术条款部分。其中商务部分章节编排与《标准施工招标文件》相同。技术条款部分是《水利水电工程标准施工招标文件》(2009年版)不同于《标准施工招标文件》的新增内容，分为一般规定、施工临时设施、施工安全措施、环境保护和水土保持、施工导流工程、土方明挖、石方明挖、地下洞室开挖、支护工程、钻孔和灌浆工程、基础防渗墙工程、地基及基础工程、土石方填筑工程、混凝土工程、沥青混凝土工程、砌体工程、疏浚和吹填工程、屋面和地面建筑工程、压力钢管制造和安装、钢结构的制作和安装、钢闸门及启闭机安装、预埋件埋设、机电设备安装、工程安全监测共24章。上述章节有关计量与支付条款部分与《水利工程工程量清单计价规范》(GB 50501—2007)协调使用，是水利工程建设项目施工计量与支付的重要依据。

(八)《水利工程施工监理规范》

《水利工程施工监理规范》(SL 288—2014)于2014年10月30日发布，2015年1月30日实施。适用于我国境内依法必须招标实行监理的水利工程建设项目的施工监理，其他水利工程施工监理可参照施行。水土保持工程施工监理、机电及金属结构设备制造监理、水利工程建设环境保护监理等应分别依据相关专业监理规范开展监理工作。该规范规定，监理单位应当遵守国家法律法规、规章以及有关技术标准，独立、公正、诚信、科学地开展监理工作，履行监理合同约定的义务。监理机构应按照监理合同和施工合同约定，开展水利工程施工质量、进度、资金的控制活动。在工程资金控制中，规范对工程计量、预付款、工程进度付款、变更款、计日工、完工付款、最终结清、合同解除、价格调整等作出了明确规定。

思 考 题

1-1 简述投资及建设项目投资的概念。

1-2 简述价值工程的概念。

1-3 什么是投资偏差？投资偏差的参数有哪些？

1-4 简述建设项目投资控制的主要依据。

第二章 基 本 知 识

经济评价、不确定性分析和风险分析是建设项目投资控制的基本知识，掌握这些理论知识，运用于建设项目管理，可使建设项目获得最佳的投资效益。

第一节 资 金 时 间 价 值

把资金投入生产或流通领域，作为一种生产要素用于投资，将获得一定的收益，资金得到一定量的增值，这就说明资金在时间推移中，具有增值属性，资金的这种增值属性就是资金的时间价值。正确理解货币资金的时间价值，有利于从资金运动的时间观念上，即从贷款期和投资周期上选择筹资方式，在资金的使用上合理分配资金，有效地利用资金，减少资金成本，提高资金的利用率。

一、资金的时间价值理论

资金的时间价值是客观存在的，是符合经济规律的。但是，货币具有时间价值并不意味着货币本身能够增值，而是因为货币代表着一定量的物化劳动，并在生产和流通中与劳动相结合，才产生增值。只有作为社会生产资金（或资本）参与再生产过程，才会带来利润，得到增值。因此，货币时间价值也称为资金时间价值。

资金时间价值是以利息、利润和收益的形式来反映的，通常以利息和利息率（简称“利率”）两个指标表示。

（1）利息是资金投入生产后在一定时期内所产生的增值，或使用资金的回报。利息是衡量资金时间价值的绝对尺度。

（2）利率（利息率）是一定时期内的利息与产生这一利息所投入的资金的本金的比值。利率反映了资金随时间变化的增值率或报酬率，是衡量资金时间价值的相对尺度。

$$i=\frac{I}{P}\times 100\% \qquad (2-1)$$

式中 i——利率；

I——利息；

P——本金。

（3）名义利率（r）和实际利率（i）是年名义利率和年实际利率的简称。在复利法计算中，一般是采用年利率。若利率为年利率，实际计息周期也是以年计，这种给定的年利率称为实际年利率。当实际计算周期小于一年，如每月、每季度或每半年计息一次，考虑资金的时间价值，采用单利计息法计算的实际年利率与给定的年利率一致；若采用复利计息法计算，实际的年利率比给定的利率大，这里给定的年利率称为名义利率，采用复利计息所计算的利率称为实际利率。表 2-1 给出了年利率为 12%时，不同计息周期的实际年利率。

表 2-1　　不同计息周期名义利率和实际利率比较

计息周期	年内计息次数	名义利率	实际利率
年	1	12%	$(1+12\%/1)^{1}-1=12\%$
半年	2	6%	$(1+12\%/2)^{2}-1=12.36\%$
季	4	3%	$(1+12\%/4)^{4}-1=12.55\%$
月	12	1%	$(1+12\%/12)^{12}-1=12.68\%$
周	52	0.23%	$(1+12\%/52)^{52}-1=12.73\%$
天	365	0.03%	$(1+12\%/365)^{365}-1=12.75\%$

二、现金流量

（一）现金流量的概念

现金流量在投资决策中是指一个项目引起的企业（或投资主体）现金（或现金等价物，下同）支出和现金收入增加的数量。

现金流量可以分为现金流入量、现金流出量和净现金流量。

（二）相关现金流量的确定原则

在辨别相关现金流量时，应坚持以下的原则：

（1）明确净现金流量不是利润。

（2）相关现金流量是有无对比的增量的现金流量，而非总量的现金流量。

（3）相关现金流量是未来发生的，而非过去发生，即沉没成本不应该考虑在内。

（三）现金流量的时间选择

计算期的长短取决于项目的性质，或根据产品的寿命周期，或根据主要生产设备的经济寿命，或根据合资合作周期而定，一般取上述考虑中较短者，最长不宜超过 20 年。对水利工程，由于其服务年限很长，根据相关规范可适当延长，如 25 年、30 年、50 年。

计算现金流量时应正确地考虑现金流量发生的时间。按投资各年归集现金流量时，现金流量发生在年（期），第一年初发生的可另行处理，可作为“0”年。

一般按年分析项目现金流量比较合适。但是，如果有必要和可能，可以按月、季或半年为单位进行分析。

（四）现金流量图

在项目经济评价中，为了简单、明了地反映各方案投资、运营成本、收益等的大小和它们相应发生的时间，一般用一个数轴图形来表示各现金流入流出与相应时间的对应关系，该图称为现金流量图（图 2-1）。

图中横轴表示一个从 0 开始到 n 的时间序列，每个刻度表示一个时间单位。时间单位可以取年、半年、季或月等。0 表示时间序列的起点，从 1 至 n 分别代表各时间单位的终

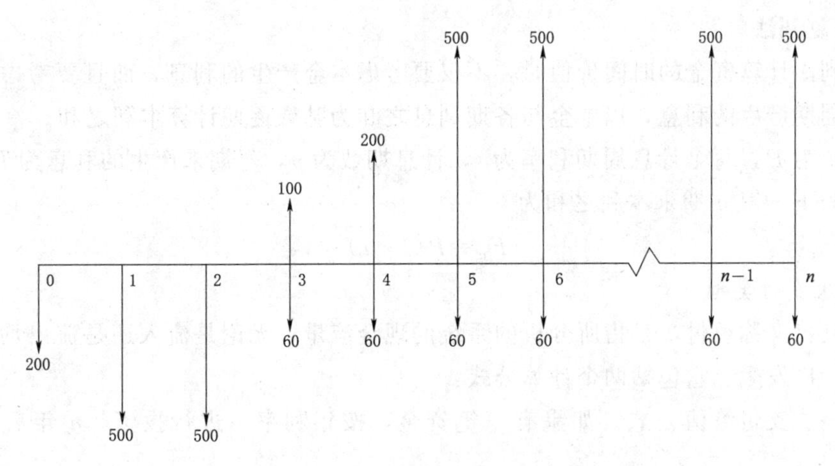

图 2-1 现金流量图

点，第 1 个时间单位的终点，也就是第 2 个时间单位的起点。相对于时间坐标的垂直线代表不同时间点的现金流量大小，箭头向上表示现金流入，箭头向下表示现金流出。同时还需在图上注明每笔现金流量的金额。

三、资金等值计算及应用

资金的时间价值使得金额相同的资金发生在不同时间，其价值不相等；反之，不同时间点数值不等的资金在时间价值的作用下却可能具有相等的价值。这些不同时期、不同数额但其“价值等效”的资金称为等值，又称为等效值。

任何技术方案的实施，都有一个时间上的延续过程，由于资金时间价值的存在，使不同时间点发生的现金流量直接进行比较就不尽合理，而要通过资金时间价值计算（即等值计算）为同一时间点的等效值以后，再进行评价和比较。

资金等值：将不同时间点的几笔资金按同一收益率标准，换算到同一时间点，如果其数值相等，则称这几笔资金等值。

影响因素包括：金额大小、金额发生的时间、利率高低。

计算资金时间价值的基本方法有两种：单利法和复利法。

（一）单利法

单利法是每期的利息均按原始本金计算利息的方法，不论计息期数为多少，只有本金计利息，利息不再计利息，每期的利息相等。单利计息的计算公式为

$$I=Pin \tag{2-2}$$

式中 I——第 n 期末利息；

P——本金；

n——计息期数；

i——利率。

n 个计息期后的本利之和 F_n 为

$$F_n=P+nPi=P(1+ni) \tag{2-3}$$

（二）复利法

用复利法计算资金的时间价值时，不仅要考虑本金产生的利息，而且要考虑利息在下一个计息周期产生的利息，以本金与各期利息之和为基数逐期计算本利之和。

设本金为 P，每个计息周期利率为 i，计息期数为 n，每期末产生的利息为 I，本金与利息之和为 F。第 n 期末本利之和为

$$F_n = P(1+i)^n \tag{2-4}$$

1. 一次支付类型

一次支付又称整付，是指所分析的系统的现金流量，无论是流入还是流出均在某一个时间点上一次发生。它包括两个计算公式：

（1）一次支付终值公式。如果有一笔资金，按年利率 i 进行投资，n 年后的本利之和为

$$F_n = P(1+i)^n \tag{2-5}$$

其中，$(1+i)^n$ 称为复利终值系数，记为（F/P，i，n）。因此，式（2-5）又可写成如下形式：

$$F_n = P(F/P, i, n)$$

在实际应用中，为了计算方便，按照不同的利率 i 和计息次数 n，分别计算出 $(1+i)^n$ 的值（终值系数），排列成一个表，称为终值系数表。计算终值系数后与 p 相乘即可求出 F_n 的值。

（2）一次支付现值公式。如果希望在 n 年后得到一笔资金 F，在年利率为 i 的情况下，计算现在应该投资的本金为

$$P = F(1+i)^{-n} \tag{2-6}$$

其中，$(1+i)^{-n}$ 称为复利现值系数，记为（P/F，i，n）。因此，式（2-6）又可以写为

$$P = F(P/F, i, n)$$

2. 等额支付类型

等额支付是指所分析的系统中，现金流入与现金流出不是集中在某一个时间点，而是在连续的多个时间点上发生，形成一个现金流序列，并且在这个序列的现金流量数额大小是相等的。它包括四个基本公式：

（1）等额年金终值公式。在年利率为 i 的情况下，连续从第 1 年到第 n 年每年年末支付一笔等额的资金 A，求 n 年后由各年资金的本利之和累计而成的总值 F，即已知 A、i、n，求 F。其现金流量图如图 2-2 所示。

其计算公式为

$$F = A\frac{(1+i)^n - 1}{i} \tag{2-7}$$

其中，$\frac{(1+i)^n - 1}{i}$ 为年金终值系数，记为（F/A，i，n）。因此，式（2-7）又可以写为

$$F = A(F/A, i, n)$$

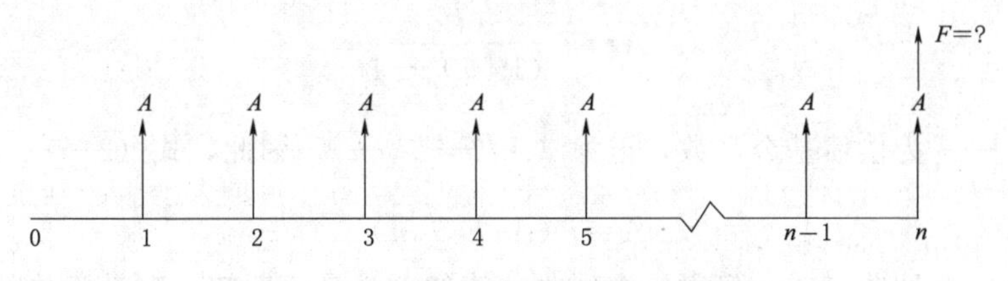

图 2-2 等额年金终值公式现金流量图

(2) 等额年金现值公式。等额年金现值公式的含义是：在 n 年内每年等额收支一笔资金 A，在利率为 i 的情况下，求此等额年金收支的现值总和，即已知 A、i、n，求 P。其现金流量图如图 2-3 所示。

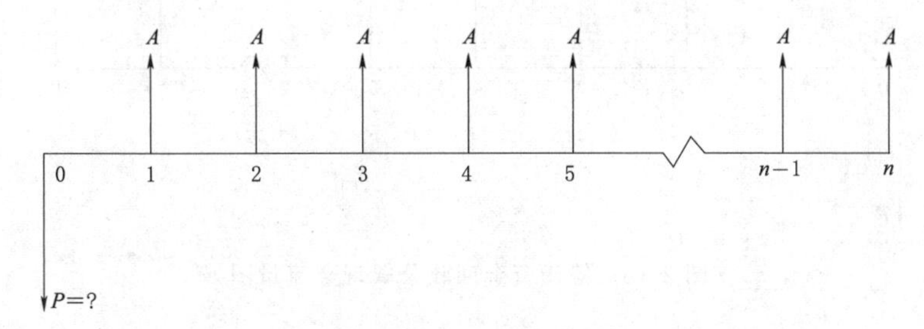

图 2-3 等额年金现值公式现金流量图

将等额年金终值公式代入一次支付现值公式，得

$$P=F(1+i)^{-n}=A\ \frac{(1+i)^n-1}{i}(1+i)^{-n}$$

得等额年金现值公式：

$$P=A\ \frac{(1+i)^n-1}{i(1+i)^n} \tag{2-8}$$

其中，$\frac{(1+i)^n-1}{i(1+i)^n}$为年金现值系数，记为 $(P/A,\ i,\ n)$。因此，式 (2-8) 又可写为

$$P=A(P/A,i,n)$$

(3) 偿债基金公式。偿债基金公式的含义是：为了筹集 n 年后所需的一笔资金，在利率为 i 的情况下，求每个计息期末应等额存储的金额，即已知 F、i、n，求 A。其现金流量图如图 2-4 所示。

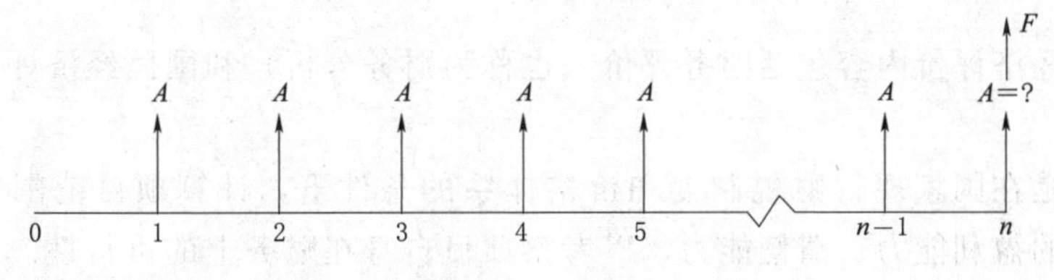

图 2-4 偿债基金公式现金流量图

其计算公式由等额年金终值式推导得出，即

$$A=F\frac{i}{(1+i)^n-1} \tag{2-9}$$

其中，$\frac{i}{(1+i)^n-1}$为偿债基金系数，记为（A/F，i，n）。因此，式（2-9）又可写为

$$A=F(A/F,i,n)$$

（4）等额资金回收公式。等额资金回收公式的含义是：期初一次投资数额为P，欲在n年内将投资全部收回，则在利率为i的情况下，求每年应等额回收的资金，即已知P、i、n，求A。其现金流量图如图2-5所示。

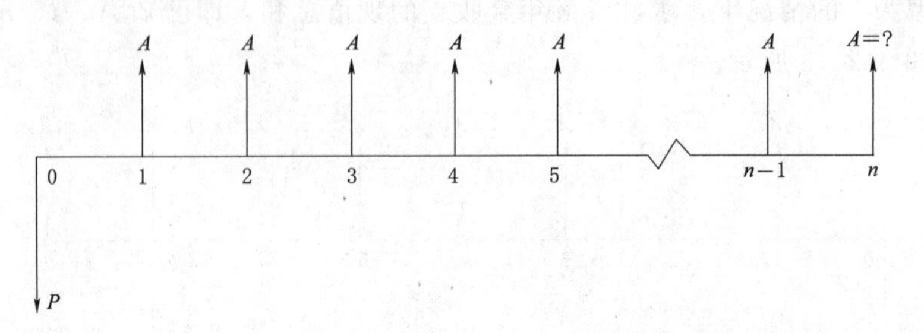

图2-5 等额资金回收公式现金流量图

其计算公式可根据偿债基金公式和一次支付终值公式推导出，即

$$A=P\frac{i(1+i)^n}{(1+i)^n-1} \tag{2-10}$$

其中，$\frac{i(1+i)^n}{(1+i)^n-1}$为资金回收系数，记为（$A/P$，$i$，$n$）。因此，式（2-10）又可写为

$$A=P(A/P,i,n)$$

第二节 建设项目经济评价

建设项目经济评价是在建设项目投资决策前，通过对拟建项目方案各种有关技术经济因素和项目投入与产出的有关财务、经济数据进行调查、分析、预测，对项目的财务、经济、社会效益进行分析、计算和评估，分析比较各项目方案的优劣，从而确定和推荐最佳项目方案的一系列分析、计算和研究的工作。

一、经济评价体系

建设项目经济评价内容包括财务评价（也称为财务分析）和国民经济评价（也称为经济分析）。

财务评价是在国家现行财税制度和价格体系的条件下，计算项目范围内的效益和费用，分析项目的盈利能力、清偿能力，以考察项目自身在财务上的可行性。作为市场经济微观主体的企业进行投资时，一般都进行项目财务评价。

国民经济评价是在合理配置国家资源的前提下，从国家整体的角度分析计算项目对国民经济的净贡献，以考察项目的经济合理性。国民经济评价是项目评价的关键环节，是经

济评价的重要组成部分，也是项目投资决策的主要依据。根据我国目前的情况，仅对某些对国民经济有重大影响和作用的大中型项目以及特殊行业及基础性、公益性的建设项目开展国民经济评价。

财务评价和国民经济评价是相互联系的。它们之间既有共同之处，又有区别。其共同点有：第一，评价目的相同，两者都要寻求以最小的投入获得最大的产出；第二，评价基础相同，两者都是在完成产品需求预测、工程技术方案、资金筹措等可行性研究的基础上进行评价的；第三，计算期相同，两者都要计算包括建设期、生产期全过程的费用和效益。区别如下：

(1) 评价角度不同。财务评价是从项目自身财务角度考察项目的盈利状况及借款偿还能力，以确定投资行为的财务可行性。国民经济评价是从国家整体的角度考察项目对国民经济的贡献以及需要国民经济付出的代价，以确定投资行为的经济合理性。

(2) 效益与费用的含义及划分范围不同。财务评价是根据项目的实际收支确定项目的效益和费用，补贴计为效益，税金和利息均计为费用。国民经济评价是着眼于项目对社会提供的有用产品和服务及项目所耗费的全社会有用资源，来考察项目的效益和费用，故补贴不计为项目的效益，税金和国内借款利息均不计为项目的费用。财务评价只计算项目直接发生的效益与费用，国民经济评价对项目引起的间接效益与费用（即外部效果）也要进行计算和分析。

(3) 评价采用的价格不同。财务评价对投入物和产出物采用以市场价格体系为基础的预测价格，国民经济评价采用影子价格。

(4) 评价参数不同。财务评价采用行业统一测定并发布的财务评价参数，国民经济评价采用国家统一测定并发布的国民经济评价参数。

由于上述区别，两种评价有时可能导致相反的结论。例如，某项目所用原料可以出口，其产品也可以出口。由于该原料的国内价格低于国际市场价格，其产品的国内价格又高于国际市场价格，从财务评价考虑，企业利润很高，项目是可行的；如果进行国民经济评价，采用以国际市场价格为基础的影子价格来计算，该项目就可能对国民经济没有那么大的贡献。

二、财务评价

(一) 财务评价的内容

(1) 盈利能力分析。分析测算项目的财务盈利能力和盈利水平。

(2) 偿债能力分析。分析测算项目偿还贷款的能力。

(3) 财务生存能力分析。分析项目是否有足够的净现金流量维持正常运营，以实现财务可持续性。

(4) 不确定性分析。分析项目在计算期内不确定性因素可能对项目产生的影响和影响程度。

财务评价应在项目财务效益与费用估算的基础上进行，其分析内容应根据项目的性质和目标确定。对于经营性项目，财务评价应通过编制财务分析报表，计算财务指标，分析项目的盈利能力、偿债能力和财务生存能力，判断项目的财务可接受性，为项目决策提供依据。对于非经营性项目，财务评价主要分析项目的财务生存能力。

（二）财务评价主要指标计算与判据

盈利能力分析的指标包括：项目投资财务内部收益率和财务净现值、项目资本金财务内部收益率、投资回收期、总投资收益率、项目资本金净利润率等。可根据项目的特点及财务分析的目的、要求等选用。

盈利能力分析包括静态分析和动态分析。所谓静态分析是指不采用折现方式处理数据，主要依据利润与利润分配表，并借助现金流量表计算相关盈利能力指标。对静态分析指标的判断，应按不同指标选定相应的参考值（企业或行业的对比值）。当静态分析指标符合其相应的参考值时，认为从该指标看盈利能力满足要求。动态分析是通过编制财务现金流量表，根据资金时间价值原理，计算财务内部收益率、财务净现值等指标，分析项目的获利能力。

(1) 静态投资回收期（P_t）。静态投资回收期是指以项目的净收益回收项目的全部投资所需要的时间。它是考察项目在财务上投资回收能力的主要指标。投资回收期短，表明项目投资回收快，抗风险能力强。静态投资回收期的表达式为

$$\sum_{t=1}^{P_t}(CI-CO)_t=0 \tag{2-11}$$

式中 P_t——静态投资回收期；

CI——现金流入量；

CO——现金流出量；

$(CI-CO)_t$——第 t 年的净现金流量。

静态投资回收期一般以“年”为单位，自项目建设开始年算起。若从项目建成投产年算起，应予以特别注明，以防止两种情况的混淆。

式（2-11）是静态投资回收期的一个一般表达式，在具体计算时可借助项目投资现金流量表计算。项目投资现金流量表中累计净现金流量由负值变为零的时间点，即为项目的投资回收期。

(2) 总投资收益率（ROI）。总投资收益率表示总投资的盈利水平，指项目达到设计能力后正常年份的年息税前利润或运营期内年平均息税前利润与项目总投资的比率。它是考察项目盈利能力的静态指标。总投资收益率的计算公式为

$$\text{总投资收益率}=\frac{\text{项目正常年份的年息税前利润或运营期内年平均息税前利润}}{\text{项目总投资}}\times 100\% \tag{2-12}$$

将算得的总投资收益率与同行业的收益率参考值对比，若高于同行业的收益率参考值，表明用总投资收益率表示的盈利能力满足要求。

(3) 项目资本金净利润率（ROE）。项目资本金净利润率表示项目资本金的盈利水平，指项目达到设计能力后正常年份的年净利润或运营期内年平均净利润与项目资本金的比率。它是考察项目盈利能力的静态指标。资本金净利润率的计算公式为

$$资本金净利润率=\frac{项目正常年份的年净利润或运营期内年平均净利润}{项目资本金}\times 100\% \tag{2-13}$$

若项目资本金净利润率高于同行业的净利润率参考值，表明用项目资本金净利润率表示的盈利能力满足要求。

(4) 财务净现值（$FNPV$）。财务净现值是指按设定的折现率（一般采用行业基准收益率），将项目计算期内各年净现金流量折现到建设期初的现值之和。它是考察项目在计算期内盈利能力的动态评价指标。其表达式为

$$FNPV=\sum_{t=1}^{n}(CI-CO)_t(1+i_c)^{-t} \tag{2-14}$$

式中 i_c——设定的折现率（或行业基准收益率）。

财务净现值指标的判别标准：若 $FNPV\geqslant 0$，则方案可行；若 $FNPV<0$，则方案应予拒绝。

(5) 财务内部收益率（$FIRR$）。财务内部收益率是指项目在整个计算期内各年净现金流量现值累计等于零时的折现率，是考察项目盈利能力的主要动态评价指标。其表达式为

$$\sum_{t=1}^{n}(CI-CO)_t(1+FIRR)^{-t}=0 \tag{2-15}$$

式中 $FIRR$——财务内部收益率；其他符号含义同前。

判别标准：当财务内部收益率大于或等于所设定的基准收益率 i_c 时，项目方案在财务上可以考虑接受。当 $FIRR\geqslant i_c$ 时，即认为其盈利能力已满足最低要求，项目在财务上是可行的；若 $FIRR<i_c$，则项目在财务上不可行。

财务基准收益率是财务评价中一个重要的参数。它是投资者自主确定的其在相应项目上投资最低可接受的财务收益水平，是项目财务可行性和方案比选的主要判据，不同的投资者对同一项目的收益水平的期望值不尽相同，所以选用财务基准收益率应遵循下列原则：①政府投资项目的财务评价必须采用国家行政主管部门发布的行业财务基准收益率。②政府以外的其他各类投资主体投资项目的财务评价，既可使用由投资者自行测定的项目最低可接受的财务收益率，也可选用国家或行业主管部门发布的行业财务基准收益率。根据投资人意图和项目的具体情况，项目最低可接受财务收益率的取值可高于、等于或低于行业财务基准收益率。

三、国民经济评价

（一）国民经济评价的范围

国民经济评价是经济评价方法体系的重要组成部分。国民经济评价是从资源合理配置的角度，分析项目投资的经济效益和对社会福利所做出的贡献，评价项目的经济合理性。国民经济评价是项目投资决策的主要依据。对于财务价格不能真实反映项目产出的经济价值，财务成本不能包含项目对资源的全部消耗，财务效益不能包含项目产出的全部经济效果的项目需要进行国民经济评价。

1. 从社会资源优化配置的角度

国家规定下列类型项目需要进行国民经济评价：

（1）具有垄断特征的项目。

（2）产出具有公共产品特征的项目。

（3）外部效果显著的项目。

（4）资源开发项目。

（5）涉及国家经济安全的项目。

（6）受过度行政干预的项目。

2. 从投资管理的角度

现阶段需要进行国民经济评价的项目有以下几类：

（1）政府预算内投资（包括国债资金）的用于关系国家安全、国土开发和市场不能有效配置资源的公益性项目和公共基础设施建设项目、保护和改善生态环境项目、重大战略性资源开发项目。

（2）政府各类专项建设基金投资的用于交通运输、农林水利等基础设施、基础产业的建设项目。

（3）利用国际金融组织和外国政府贷款，需要政府主权信用担保的建设项目。

（4）法律法规规定的其他政府性资金投资的建设项目。

（5）企业投资建设的涉及国家经济安全、影响环境资源、公共利益、可能出现垄断、涉及整体布局等公共性问题，需要政府核准的建设项目。

（二）国民经济效益与费用识别

项目的经济效益是指项目对国民经济所作的贡献，分为直接效益和间接效益。项目的经济费用是指国民经济为项目付出的代价，分为直接费用和间接费用。项目经济效益和费用的识别应符合下列要求：①遵循有无对比的原则；②对项目所涉及的所有成员及群体的费用和效益做全面分析；③正确识别正面和负面外部效果，防止误算、漏算或重复计算；④合理确定效益和费用的空间范围和时间跨度；⑤正确识别和调整转移支付，根据不同情况区别对待。

1. 直接费用与直接效益

直接费用是指项目使用投入物所产生并在项目范围内计算的经济费用。一般表现为其他部门为供应本项目投入物而扩大生产规模所耗用的资源费用；减少对其他项目（或最终消费）投入物的供应而放弃的效益；增加进口（或减少出口）所耗用（或减收）的外汇等。

直接效益是指由项目产出物产生的并在项目范围内计算的经济效益。一般表现为增加该产出物数量满足国内需求的效益；替代其他相同或类似企业的产出物，使被替代企业减产以减少国家有用资源耗费（或损失）的效益；增加出口（或减少进口）所增收（或节支）的国家外汇等。

2. 间接费用和间接效益

间接费用和间接效益是指国民经济为项目付出的代价与项目对国民经济作出的贡献在

项目的直接费用与直接效益中未得到反映的那部分费用与效益。

3. 转移支付

转移支付代表购买力的转移行为，接受转移支付的一方所获得的效益与付出方所产生的费用相等，转移支付行为本身没有导致新增资源的发生。在项目的建设和生产经营过程中，某些财务收益和支出，从国民经济角度看，并没有造成资源的实际增加或减少，而是国民经济内部的转移支付。在国民经济评价中一般应剔除这些转移支付。转移支付的主要内容如下：

(1) 国家和地方政府的税收。

(2) 国内银行借款利息。

(3) 国家和地方政府给予项目的补贴。

(三) 国民经济评价参数

国民经济评价参数是国民经济评价的基础。正确理解和使用评价参数，对正确计算经济费用、效益和评价指标，判定项目经济合理性具有重要作用。国民经济评价参数有两类：一类是必须采用的参数，如社会折现率和影子汇率换算系数等，这类参数由国家行政主管部门统一测定并发布，在各类建设项目的国民经济评价中必须采用；另一类是供参考选用的参数，如影子工资换算系数和土地影子价格等，这类参数也由国家行政主管部门统一测定并发布，但在各类建设项目的国民经济评价中可参考选用。

1. 社会折现率 (i_s)

项目的国民经济评价，主要采用动态计算方法，计算经济净现值或经济内部收益率指标。在计算项目的经济净现值指标时，需要使用一个事先确定的折现率。在用经济内部收益率指标判断项目经济效益时，需要用一个事先确定的基准收益率作为判据进行对比，以判定项目的经济效益是否达到了标准。通常将经济净现值计算中的折现率和经济内部收益率的判据基准收益率统一起来，统称为社会折现率。

社会折现率是社会对资金时间价值的估算，是从整个国民经济角度确定的投资收益率标准，代表着社会投资所要求的最低收益率，作为项目经济效益要求的最低经济收益率水平。项目投资产生的经济内部收益率如果达不到这一最低水平，项目不应当被接受。

2. 影子汇率

影子汇率是指能正确反映国家外汇经济价值的汇率。影子汇率通过影子汇率换算系数计算得出。影子汇率换算系数是指影子汇率与外汇牌价之间的比值。影子汇率计算公式如下：

$$\text{影子汇率}=\text{外汇牌价}\times\text{影子汇率换算系数} \tag{2-16}$$

建设项目国民经济评价中，项目的进口投入物和出口产出物，应采用影子汇率换算系数调整计算进出口外汇收支的价值。

3. 影子价格

国民经济评价中投入物或产出物使用的计算价格称为影子价格。

建设项目投资和项目运行的效益要用货币作为统一的度量单位，而价值形态的货币表现只能借助价格来实现。但在现实经济生活中，由于社会环境、经济管理体制、经济政策、历史因素等原因，项目中投入物或产出物的现行市场价格并不是都能反映它们的实际价值。为了正确计算项目对国民经济所做的净贡献和社会为项目建设付出的代价，在进行国民经济评价时，对现行价格进行调整，以使其能正确反映投入物或产出物的实际价值。这种用于经济分析的调整价格，称为影子价格。若某种投入物或产出物的现行价格能较真实地反映其经济价值，则其现行价格就是其影子价格。即影子价格应是能够真实反映项目投入物和产出物真实经济价值的计算价格。

4. 影子工资

影子工资是指建设项目使用劳动力资源而使社会付出的代价。建设项目国民经济评价中用影子工资计算劳动力费用。影子工资可通过影子工资换算系数得到。影子工资换算系数是指影子工资与项目财务评价中的劳动力工资之间的比值，影子工资可按式（2-17）计算：

$$影子工资=财务工资\times影子工资换算系数 \tag{2-17}$$

（四）国民经济评价指标

1. 经济净现值（$ENPV$）

经济净现值是用社会折现率将项目计算期内各年的经济净效益流量折现到建设期初的现值之和，其表达式为

$$ENPV=\sum_{t=1}^{n}(B-C)_t(1+i_s)^{-t} \tag{2-18}$$

式中 $ENPV$——经济净现值；

B——经济效益流量；

C——经济费用流量；

i_s——社会折现率；

$(B-C)_t$——第 t 年的经济净效益流量；

n——项目计算期。

评判标准：如果经济净现值等于或大于零时（$ENPV\geqslant 0$），表明项目可以达到符合社会折现率的效益水平，认为该项目从经济资源配置的角度可以被接受。经济净现值越大，表明项目所带来的以现值表示的经济效益越大。

2. 经济内部收益率（$EIRR$）

经济内部收益率是指项目在计算期内各年经济净效益流量的现值累计等于零时的折现率，其表达式为

$$\sum_{t=1}^{n}(B-C)_t(1+EIRR)^{-t}=0 \tag{2-19}$$

经济内部收益率是从资源配置角度反映项目经济效益的相对量指标，表示项目占用的资金所能获得的动态收益率。项目的经济内部收益率等于或大于社会折现率时，表明项目对社会经济的净贡献达到或者超过了社会折现率的要求。

第三节　不确定性分析与风险分析

投资是有风险的。分析投资风险，并采取合理措施规避风险是投资控制的一项重要工作。不确定性分析与风险分析是投资控制中常用的两个方法。

一、不确定性分析

不确定性分析主要包括盈亏平衡分析和敏感性分析。

（一）盈亏平衡分析

盈亏平衡分析是指项目达到设计生产能力的条件下，通过盈亏平衡点分析项目成本与收益的平衡关系，用以考察项目对产出品变化的适应能力和抗风险能力。盈亏平衡分析只适用于项目的财务评价。

盈亏平衡分析分线性盈亏平衡分析和非线性盈亏平衡分析，项目经济评价中一般只进行线性盈亏平衡分析。线性盈亏平衡分析有以下四个假定条件：

（1）产量等于销售量，即当年生产的产品当年销售出去。

（2）产量变化，单位可变成本不变，总成本费用是产量的线性函数。

（3）产量变化，单位售价不变，销售收入是销售量的线性函数。

（4）按单一产品计算，当生产多种产品时，应换算为单一产品，不同产品的生产负荷率的变化应保持一致。

盈亏平衡分析实际上是找到项目由盈利到亏损的分界点——盈亏平衡点（也叫保本点，一般用 *BEP* 表示），是项目盈利与亏损的转折点，在这一点上，销售（营业、服务）收入等于总成本费用，项目不亏不盈，正好盈亏平衡。盈亏平衡点越低，项目适应产出品变化的能力越大，抗风险能力越强。项目经济评价中，盈亏平衡点常用产量和生产能力利用率表示。

找盈亏平衡点有两种方法，一种是公式计算法，另一种是图解法，一般采用公式计算法。

（1）用产量表示的盈亏平衡点：

$$BEP_{\text{产量}}=\frac{\text{年固定总成本}}{\text{单位产品价格}-\text{单位产品可变成本}-\text{单位产品销售税金及附加}} \quad (2-20)$$

盈亏平衡点产量表示项目可以接受的最低产量，低于此水平项目就亏损。

（2）用生产能力利用率表示的盈亏平衡点：

$$BEP_{\text{生产能力利用率}}=\frac{\text{年固定成本}}{\text{年营业收入}-\text{年可变成本}-\text{年营业税金及附加}}\times 100\% \quad (2-21)$$

或

$$BEP_{\text{生产能力利用率}}=\frac{BEP_{\text{产量}}}{\text{年设计生产能力}}\times 100\%$$

生产能力利用率是度量项目生产能力状况的重要指标。盈亏平衡点生产能力利用率越低，项目的风险越小，抗风险能力越强。在项目运营中，只要生产能力利用率高于盈亏平衡点生产能力利用率，项目可盈利，否则项目就有一定的风险。

（二）敏感性分析

敏感性分析包括单因素敏感性分析和多因素敏感性分析。单因素敏感性分析是指每次只改变一个因素的数值来进行分析，估算单个因素的变化对项目效益产生的影响；多因素敏感性分析则是同时改变两个或两个以上因素进行分析，估算多因素同时发生变化时对项目效益产生的影响。为了找出关键的敏感因素，通常多进行单因素敏感性分析。这里主要介绍单因素敏感性分析。

一般进行敏感性分析可按以下步骤进行。

（1）选定进行敏感性分析的经济评价指标。建设项目经济评价有一整套指标体系，不可能对每一个指标都进行分析，只对其中的一个或几个主要指标进行分析，如内部收益率、财务净现值、投资回收期等。最主要的指标是内部收益率。

（2）选择需要分析的不确定性因素。根据项目的特点，选择对项目效益影响较大且重要的不确定性因素进行分析。这些因素主要有产品价格、建设投资、主要投入物价格或可变成本、生产负荷（产品产量）、建设工期、汇率等。

（3）计算因不确定性因素在可能变动范围内发生不同幅度变动引起的评价指标的变动值。先给选定的不确定性因素设定若干个变化幅度（通常用变化率表示），不确定性因素变化的百分率一般为±5%、±10%、±15%、±20%等。对于不便于用百分数表示的因素，例如建设工期，可采用延长一段时间表示，如延长一年。

（4）计算敏感度系数并对敏感因素进行排序。敏感度系数的计算公式为

$$S_{AF}=\frac{\Delta A/A}{\Delta F/F} \tag{2-22}$$

式中 S_{AF}——评价指标 A 对于不确定性因素 F 的敏感度系数；

$\Delta F/F$——不确定性因素 F 的变化率；

$\Delta A/A$——不确定性因素 F 发生 ΔF 变化率时，评价指标 A 的相应变化率。

$S_{AF}>0$，表示评价指标与不确定性因素同方向变化；$S_{AF}<0$，表示评价指标与不确定性因素反方向变化。$|S_{AF}|$ 较大者敏感度系数高。

（5）求出临界点。临界点是指不确定性因素的变化使项目由可行变为不可行的临界数值。临界点可用不确定性因素相对基本方案的变化率或其对应的具体数值表示。当不确定性因素的变化超过了临界点所表示的不确定性因素的极限变化时，项目将由可行变为不可行。临界点可用专用软件计算，也可由敏感性分析图直接求得近似值。以投资内部收益率作为敏感性分析的评价指标时，其敏感性分析图如图 2-6 所示。图中变动因素

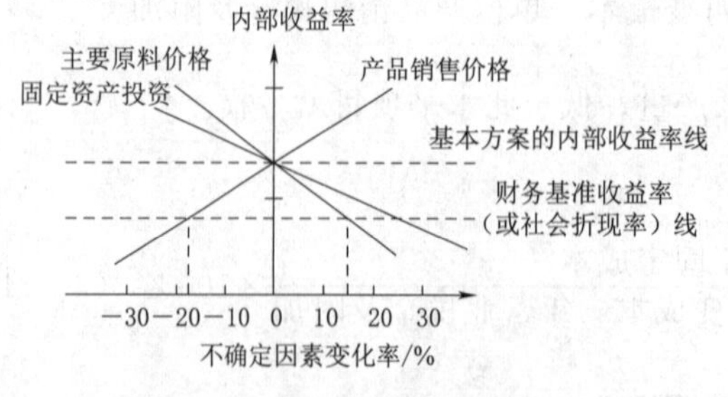

图 2-6 以投资内部收益率作为评价指标时的敏感性分析图

材料价格、投资、销售价格对投资内部收益率的影响曲线与基准收益率线的交点即为临界点，表示允许该种因素变化的最大幅度，即极限变化。变化幅度超过这个极限，项目将不可行。

二、风险分析方法——概率树分析

概率是度量某一事件发生的可能性大小的量，它是随机事件的函数。必然发生的事件，其概率为 1；不可能事件，其概率为 0；一般的随机事件，其概率在 0 和 1 之间。

某事件的概率可分为主观概率和客观概率两类。通常把以人为预测和估计为基础的概率称为主观概率，如产量、销售单价、建设投资、建设工期等。以客观统计数据为基础的概率称为客观概率，如水位、流量等。经济评价的概率分析主要是主观概率分析。

概率树分析是常用的风险分析方法之一，它是利用概率来研究和预测不确定性因素对项目经济评价指标影响的一种定量分析方法。

概率树分析是假定风险变量之间是相互独立的，在构造概率树的基础上，将每个风险变量的各种状态取值组合计算，分别计算每种组合状态下的评价指标值及相应的概率，得到评价指标的概率分布，并统计出评价指标高于基准值的累计概率，从而判断项目的风险。

简单的概率分析是在根据经验设定各种情况发生的可能性（概率）后，计算项目净现值、项目净现值的期望值及净现值大于等于零时的累计概率。

风险评价的判别标准：财务（经济）净现值大于等于零的累计概率值越大，风险越小。

期望值是用来描述随机变量的一个主要参数。

期望值是反映随机变量取值的平均值。但这个平均值绝不是一般意义上的算术平均值，而是以随机变量各种取值的概率为权重的加权平均值。

【例 2－1】 已知某投资方案各种不确定性因素可能出现的数值及对应的概率见表 2－2。假定投资发生在期初，各年净现金流量均发生在期末，基准折现率为 10%，试用概率法判断项目的可行性及风险情况。

表 2－2　　某投资项目数据

投资额		年净收益		计算期	
金额/万元	可能出现的概率	金额/万元	可能出现的概率	数值/年	可能出现的概率
120	0.3	20	0.25	10	1.0
150	0.5	28	0.4	10	1.0
175	0.2	33	0.35	10	1.0

解：（1）绘出概率树图如图 2－7 所示。

（2）计算各种可能发生情况下的项目净现值及其概率。

1）投资 120 万元，年净收益有三种情况：

第一种情况：投资 120 万元，年净收益 20 万元，则此种情况下的净现值为：$FNPV=$

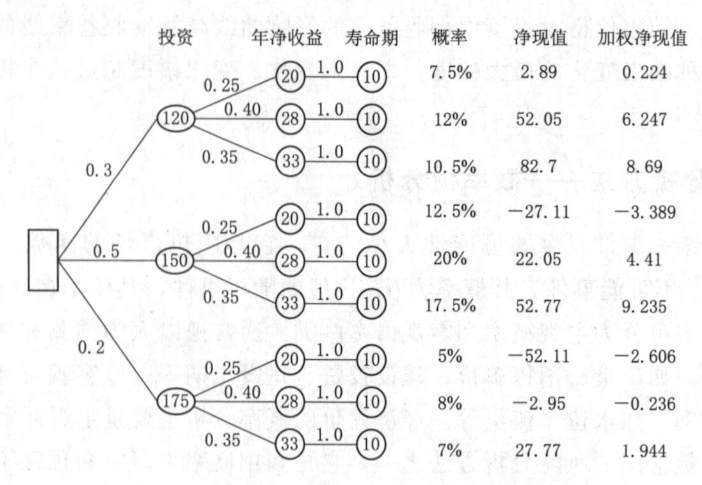

图 2-7　某投资方案概率树图

$-120+20(P/A,10\%,10)=2.89$(万元)；

可能发生的概率为：$0.3\times0.25=0.075=7.5\%$；

加权净现值为：$2.98\times0.075=0.224$。

第二种情况：投资 120 万元，年净收益 28 万元，则此种情况下的净现值为：$FNPV=-120+28(P/A,10\%,10)=52.06$(万元)；

可能发生的概率为：$0.3\times0.4=0.12=12\%$；

加权净现值为：$52.06\times0.12=6.247$。

第三种情况：投资 120 万元，年净收益 33 万元，则此种情况下的净现值为：$FNPV=-120+33(P/A,10\%,10)=82.785$(万元)；

可能发生的概率为：$0.3\times0.35=0.105=10.5\%$；

加权净现值为：$82.785\times0.105=8.69$。

2）投资 150 万元和投资 175 万元同理分析计算。

(3) 计算期望净现值。

将各种情况下的加权净现值相加即得：期望净现值$=0.224+6.247+8.69-3.389+4.41+9.235-2.606-0.236+1.944=24.52$(万元)。

(4)列出净现值小于零的累计概率,见表 2-7,计算净现值大于等于零的累计概率。

由表 2-3 可得：

净现值小于零的累计概率为:$P(FNPV<0)=0.255+0.075\times\dfrac{2.95}{2.95+2.89}=0.293$；

表 2-3　　净现值累计概率

净现值/万元	累计概率
−52.11	0.050
−27.11	0.175
−2.95	0.255
2.89	0.330

净现值大于等于零的累计概率为：$P(FNPV\geqslant0)=1-P$(净现值小于零)$=1-0.293=0.707$。

由此可知，项目期望净现值为 24.52 万元，各种情况项目净现值大于等于零的累计概率是 70.7%，说明项目风险较小，项目可行。

思 考 题

2-1　简述资金时间和现金流量的概念。

2-2　简述经济评价体系的概念。

2-3　简述不确定分析和风险分析的概念。

第三章 前期工作和施工招标的投资控制

根据《水利工程建设项目管理规定（试行）》（水建〔1995〕128号，2016年8月1日根据水利部令第48号《水利部关于废止和修改部分规章的决定》第二次修正）和《水利工程建设程序管理暂行规定》（水建〔1998〕16号，根据2016年水利部令第48号和2019年水利部令第50号修改）的规定，水利工程建设程序一般分为项目建议书阶段、可行性研究报告阶段、初步设计阶段、施工准备阶段、建设实施阶段、生产准备（运行准备）阶段、竣工验收阶段、后评价阶段等八个阶段。通常将项目建议书、可行性研究报告、初步设计等三个阶段一起称为项目建设前期工作阶段。施工招标是施工准备阶段的一项重要工作内容。本章主要阐述前期工作阶段和施工招标的投资控制内容。

第一节 投资估算

投资估算是项目建议书、可行性研究报告的重要组成部分，是项目决策阶段投资控制的重要依据。

一、编制依据

投资估算的编制依据主要包括：

（1）《水利水电工程项目建议书编制规程》（SL/T 617—2021）。

（2）《水利水电工程可行性研究报告编制规程》（SL/T 618—2021）。

（3）《水利工程设计概（估）算编制规定》（水总〔2014〕429号）及水土保持、水文设施专项、环境保护等概（估）算编制规定。

（4）《水利建筑工程概算定额》《水利水电设备安装工程概算定额》《水利水电工程施工机械台时费定额》等相关现行定额。

（5）相关报告提供的工程规模、工程等级、主要工程项目的工程量等资料。

（6）投资估算指标、概算指标。

（7）建设项目中的有关资金筹措的方式、实施计划、贷款利息、对建设投资的要求等。

（8）工程所在地的人工工资标准、材料供应价格、运输条件、运费标准及地方性材料储备量等资料。

（9）当地政府有关征地、拆迁、安置、补偿标准等文件或通知。

（10）委托书、合同或协议。

二、作用

项目建议书阶段的投资估算，是项目主管部门审批项目建议书的依据之一，并对项目的规划和规模起参考作用。

项目可行性研究阶段的投资估算是项目投资决策的重要依据，也是研究、分析和计算项目投资经济效果的重要条件。

项目投资估算对工程设计概算起控制作用，是进行工程初步设计招标、优选设计方案的依据之一，也是工程限额设计的依据。项目投资估算可作为项目资金筹措及制定建设贷款计划的依据，也是核算建设项目固定资产投资需要额和编制固定资产投资计划的重要依据。项目法人可根据批准的项目投资估算额，进行资金筹措和申请贷款。

三、内容

1. 工程部分投资估算

(1) 说明采用的编制规定、定额及其他有关规定、编制投资估算的价格水平年，以及主要材料、次要材料、机电和金属结构设备、砂石料等价格的依据。说明其他行业规定及定额颁发的时间、文号与适用条件等。

(2) 根据《水利工程设计概（估）算编制规定》（水总〔2014〕429 号）和工程类别明确估算项目划分。

(3) 分析计算主要材料预算价格，确定次要材料价格，依据施工组织设计计算基础单价和工程单价。

(4) 调查分析确定交通、房屋、供电线路等工程造价指标。

(5) 调查分析确定机电与金属结构主要设备价格。

(6) 利用外资工程的估算，应说明利用外资形式和采用的依据，在全内资估算的基础上结合利用外资形式进行编制。

2. 建设征地移民补偿投资估算

(1) 说明采用的编制规定、定额及其他有关规定、投资估算价格水平年。

(2) 分析确定各类土地补偿、补助标准，确定房屋、附属物等补偿单价。

(3) 确定农村居民点、城（集）镇、专业项目、工矿企业、防护工程和库底清理等主要项目的单价和投资。

(4) 确定其他费用。

(5) 按有关规定计列有关税费。

3. 环境保护工程投资估算编制

(1) 说明环境保护工程投资估算编制规定和依据文件。

(2) 分别估算环境保护措施投资、环境监测措施投资、仪器设备及安装投资、环境保护临时措施投资等。

4. 水土保持工程投资估算

(1) 说明水土保持工程投资估算编制规定、定额和相关行业定额。

（2）根据编制年价格水平，分析计算主要基础单价和工程单价。

四、编制要点

投资估算组成内容、项目划分和费用构成与设计概算基本相同，但两者设计深度不同。一般依据《水利水电工程项目建议书编制规程》（SL/T 617—2021）、《水利水电工程可行性研究报告编制规程》（SL/T 618—2021）对设计概算编制规定进行简化、合并或调整。

设计阶段和设计深度决定了投资估算（以下以可行性研究阶段为例）与初步设计概算在编制方法和计算标准上有所不同。

1. 基础单价编制

基础单价编制与初步设计概算相同。

2. 建筑、安装工程单价编制

建筑、安装工程单价编制与初步设计概算相同，一般采用概算定额，但考虑投资估算工作深度和精度，应乘以扩大系数。建筑、安装工程单价扩大系数见表3-1。

表3-1　建筑、安装工程单价扩大系数表

序号	工程类别	单价扩大系数/%
一	建筑工程	
1	土方工程	10
2	石方工程	10
3	砂石备料工程（自采）	0
4	模板工程	5
5	混凝土浇筑工程	10
6	钢筋制安工程	5
7	钻孔灌浆及锚固工程	10
8	疏浚工程	10
9	掘进机施工隧洞工程	10
10	其他工程	10
二	机电、金属结构设备安装工程	
1	水力机械设备、通信设备、起重设备及闸门等设备安装工程	10
2	电气设备、变电站设备安装工程及钢筋制作安装工程	10

3. 分部工程估算编制

（1）建筑工程。主体建筑工程、交通工程和房屋建筑工程编制方法与设计概算基本相同。其他建筑工程可视工程具体情况和规模按主体建筑工程投资的3%～5%计算。

（2）机电设备及安装工程。主要机电设备及安装工程基本同概算。其他机电设备及安装工程原则上根据工程项目计算投资，若设计深度不满足要求，可根据装机规模占主要机电设备费的百分率或单位千瓦指标计算。

（3）金属结构设备及安装工程。编制方法基本与概算相同。

(4) 施工临时工程。编制方法及计算标准与概算相同。

(5) 独立费用。编制方法及计算标准与概算相同。

4. 分年度投资及资金流量编制

投资估算由于工作深度仅计算分年度投资而不计算资金流量。

5. 预备费、建设期融资利息、静态总投资、总投资编制

项目建议书阶段基本预备费率取15%～18%。可行性研究阶段基本预备费率取10%～12%。价差预备费同设计概算。

第二节 初步设计概算

初步设计概算是初步设计报告的重要组成部分，由工程部分概算、建设征地移民补偿部分概算、环境保护工程部分概算、水土保持工程部分概算等四部分组成。本节主要介绍工程部分概算编制。

一、设计工程量

工程量是指以物理计量单位或自然计量单位表示的各个具体分部分项工程细目的数量。水利工程各设计阶段的工程量，是设计工作的重要成果和编制工程概（估）算的主要依据，对优选设计方案和准确预测各设计阶段的工程投资非常重要。水利工程设计工程量依据《水利水电工程设计工程量计算规定》(SL 328—2005) 计算。

(一) 设计工程量计算依据

1. 设计图纸

计算工程量时，应依据图纸设计尺寸，采用科学的计算公式，按照概估算编制规定中的相关规定，分门别类地计算出准确的工程量。

2. 施工组织设计

施工组织设计是为指导施工而编制的文件，对施工总进度、施工方法、施工设备选择、劳动力配备、施工现场布置以及现场临时设施等提出明确的要求，同时也为工程量的计算提供了依据。例如，土石方开挖，就必须根据施工组织设计提供的施工方法（人工开挖或机械开挖等）计算其工程量；临时设施（道路、桥梁、涵洞等）工程量计算也需根据施工组织设计的要求进行计算。

3. 定额

各个设计阶段适用的定额或不同工程采用的不同部门的定额都是工程量计算的主要依据之一。工程量的计算并不是目的，最终需要的是工程造价，而造价的计算，必须按定额的数量标准，即依据计算出的工程量，准确地套用相应的定额才能最终得出工程的造价。因此工程量的计算单位必须与定额的计算单位相一致。具体在工程项目设置和计量单位都必须与定额一致。

(1) 工程项目的设置必须与概算定额子目划分相适应。例如，土石方开挖工程应按土壤类别、岩石级别分列；土石方填筑应按土方、堆石料、反滤层、垫层料等分列。再如，

钻孔灌浆工程概算定额中一般将钻孔、灌浆单列。因此，在计算工程量时，钻孔、灌浆也应分开计算。

（2）工程量的计量单位要与定额子目的单位相一致。在计算工程量之前，首先必须搞清楚定额单位，然后据此计算工程量。例如，混凝土以“m^3”为单位，帷幕灌浆以“m”为单位，接缝灌浆以“m^2”为单位，金属结构以“t”为单位等。有的工程项目的工程量可以用不同的计量单位表示，如喷混凝土，可以用“m^2”表示，也可以用“m^3”表示；混凝土防渗墙可以用阻水面积“m^2”表示，也可以用进尺“m”或混凝土浇筑方量“m^3”来表示。因此，设计提供的工程量单位要与选用的定额单位相一致，否则应按有关规定进行换算。

（二）阶段系数

1. 阶段系数的概念

水利工程各阶段设计深度不同，工程量计算必然会有差异。随着设计的深入，工程量越加精确，与之相应的预测造价的精度也要相适应。为了使各设计阶段，不因为研究设计的深度不同，而使工程造价产生较大的变幅，水利工程采用了调整各阶段工程量的方法，即对各阶段工程乘以适宜的阶段系数，以保证各阶段的预测造价更加贴近实际造价。

2. 阶段系数的使用

水利工程工程量按设计几何轮廓尺寸计算的工程量，乘以设计阶段系数予以调整。设计阶段系数见表3-2～表3-4。

表3-2　混凝土工程量阶段系数

类别	项目	混凝土			
	设计阶段工程量/万m^3	＞300	300～100	100～50	＜50
永久水工建筑物	可行性研究	1.02～1.03	1.03～1.04	1.04～1.06	1.06～1.08
	初步设计	1.01～1.02	1.02～1.03	1.03～1.04	1.04～1.05
施工临时建筑物	可行性研究	1.04～1.06	1.06～1.08	1.08～1.10	1.10～1.13
	初步设计	1.02～1.04	1.04～1.06	1.06～1.08	1.08～1.10
金属结构	可行性研究				
	初步设计				

表3-3　土石方阶段工程量阶段系数

类别	项目	土石方开挖			
	设计阶段工程量/万m^3	＞500	500～200	200～50	＜50
永久水工建筑物	可行性研究	1.02～1.03	1.03～1.04	1.04～1.06	1.06～1.08
	初步设计	1.01～1.02	1.02～1.03	1.03～1.04	1.04～1.05
施工临时建筑物	可行性研究	1.04～1.06	1.06～1.08	1.08～1.10	1.10～1.13
	初步设计	1.02～1.04	1.04～1.06	1.06～1.08	1.08～1.10
金属结构	可行性研究				
	初步设计				

表 3-4　　土石方填筑、砌石阶段工程量阶段系数

类别	项目	土石方填筑、干砌石、浆砌石				钢筋	钢材	灌浆
	设计阶段工程量/万 m^3	>500	500～200	200～50	<50			
永久水工建筑物	可行性研究	1.02～1.03	1.03～1.04	1.04～1.06	1.06～1.08	1.06	1.05	1.15
	初步设计	1.01～1.02	1.02～1.03	1.03～1.04	1.04～1.05	1.03	1.03	1.1
施工临时建筑物	可行性研究	1.04～1.06	1.06～1.08	1.08～1.10	1.10～1.13	1.08	1.08	1.17
	初步设计	1.02～1.04	1.04～1.06	1.06～1.08	1.08～1.10	1.05	1.06	1.12
金属结构	可行性研究						1.15	
	初步设计						1.1	

(三) 建筑工程量计算

1. 土石方工程量计算

土石方开挖工程量应根据设计开挖图纸，按不同土壤和岩石类别分别进行计算；石方开挖工程量应将明挖、槽挖、水下开挖、平洞、斜井和竖井开挖等分别计算。

土石方填筑工程量应根据建筑物设计断面中的不同部位及其不同材料分别进行计算，其沉陷量应包括在内。

2. 砌石工程量计算

砌石工程量应按建筑物设计图纸的几何轮廓尺寸，以“建筑成品方”计算。

砌石工程量应将干砌石和浆砌石分开。干砌石应按干砌卵石、干砌块石，同时还应按建筑物或构筑物的不同部位及形式，如护坡（平面、曲面）、护底、基础、挡土墙、桥墩等分别计列；浆砌石按浆砌块石、卵石、条料石，同时应按不同的建筑物（浆砌石拱圈明渠、隧洞、重力坝）及不同的结构部位分项计列。

3. 混凝土及钢筋混凝土工程量计算

混凝土及钢筋混凝土工程量的计算应根据建筑物的不同部位及混凝土的设计标号分别计算。

钢筋及埋件、设备基础螺栓孔洞工程量应按设计图纸所示的尺寸并按定额计量单位计算，如大坝的廊道、钢管道、通风井、船闸侧墙的输水道等，应扣除孔洞所占体积。

计算地下工程（如隧洞、竖井、地下厂房等）混凝土的衬砌工程量时，若采用水利建筑工程概算定额，应以设计断面的尺寸为准；若采用预算定额，计算衬砌工程量时应包括设计衬砌厚度和允许超挖部分的工程，但不包括允许超挖范围以外增加超挖所充填的混凝土量。

4. 钻孔灌浆工程量

钻孔工程量按实际钻孔深度计算，计量单位为“m”。计算钻孔工程量时，应按不同岩石类别分项计算，混凝土钻孔一般按粗骨料的岩石级别计算。

灌浆工程量从基岩面起计算，计算单位为“m”或“m^2”。计算工程量时，应按不同岩层的不同透水率或单位干料耗量分别计算。

隧洞回填灌浆，其工程量一般按在顶拱中心角 120°范围内的拱背面积计算，高压管道

回填灌浆按钢管外径面积计算工程量。

混凝土防渗墙工程量，按设计的阻水面积计算其工程量，计量单位为“m^2”。

（四）机电设备及安装工程量计算

机电设备及安装工程量，应根据《水利工程设计概（估）算编制规定》（水总〔2014〕429号）的项目划分“第二部分机电设备及安装工程”中的设备及安装工程所列细项分别计算。

（五）金属结构工程量计算

1. 钢闸门及拦污栅

水工建筑物各种钢闸门和拦污栅的工程量以“t”计，初步设计阶段应根据选定方案的设计尺寸和参数计算。

与各种钢闸门和拦污栅配套的门槽埋件工程量计算均应与其主设备工程量计算精度一致。

2. 启闭设备

启闭设备工程量计算，宜与闸门和拦污栅工程量计算精度相适应，并分别列出设备重量（t）和数量（台、套）。

3. 压力钢管

压力钢管工程量应按钢管形式、直径和厚度分别计算，以“t”为计量单位，不应计入钢管制作与安装的操作损耗量。

（六）施工临时工程工程量计算

1. 施工临时工程

施工临时工程是指为辅助主体工程施工所必须修建的生产和生活用临时性工程。该部分组成内容如下：

（1）导流工程。包括导流明渠、导流洞、施工围堰、蓄水期下游断流补偿设施、金属结构设备及安装工程等。

（2）施工交通工程。包括施工现场内外为工程建设服务的临时交通工程，如公路、铁路、桥梁、施工支洞、码头、转运站等。

（3）施工场外供电工程。包括从现有电网向施工现场供电的高压输电线路（枢纽工程：35kV及以上等级；引水工程及河道工程：10kV及以上等级）和施工变（配）电设施（场内除外）工程。

（4）施工房屋建筑工程。指工程在建设过程中建造的临时房屋，包括施工仓库、办公及生活、文化福利建筑和所需的配套设施工程。

（5）其他施工临时工程。指除施工导流、施工交通、施工场外供电、施工房屋建筑、缆机平台以外的施工临时工程。主要包括施工供水（大型泵房及干管）、砂石料系统、混凝土拌和浇筑系统、大型机械安装拆卸、防汛、防冰、施工排水、施工通信、施工临时支护设施（含隧洞临时钢支撑）等工程。

2. 工程量计算注意事项

（1）施工导流工程工程量计算要求与永久水工建筑物计算要求相同，其中永久与临时结合的部分应计入永久工程量中，阶段系数按施工临时工程计取。包括围堰（及拆除工程）、明渠、隧洞、涵管、底孔等工程量，与永久建筑物结合的部分及混凝土堵头计入永久工程量中，不结合的部分计入临时工程量中，分别乘以各自的阶段系数。导流底孔封堵、闸门设施应计入临时工程量中。

（2）施工支洞工程量应按永久水工建筑物工程量计算要求进行计算，阶段系数按施工临时工程计取。临时支护的锚杆、喷混凝土、钢支撑以及混凝土衬砌施工用的钢筋、钢材等工程量应根据设计要求计算。

（3）大型施工设施及施工机械布置所需土建工程量，如砂石系统、混凝土系统、缆式起重机平台的开挖或混凝土基座、排架和门、塔机栈桥等，按永久建筑物的要求计算工程量，阶段系数按施工临时工程计取。

（4）施工临时公路的工程量可根据相应设计阶段施工总平面布置图或设计提出的运输线路分等级计算公路长度或具体工程量。场内临时交通可根据1∶5000～1∶2000施工总平面布置图拟定线路走向、平均纵坡计得的公路长度和选定的级别，以及桥涵、防护工程等，按扩大指标进行计算。其中的大、中型桥涵需单独计算工程量。

（5）施工供电线路工程量可按设计的线路走向、电压等级和回路数计算。场外输电线路，可根据1∶10000～1∶5000地形图选定的线路走向计算长度，并说明电压等级、回路数。施工变电站设备的数量，根据容量确定。施工场内外通信设备应根据工程实际情况确定。

（6）临时生产、生活房屋建筑工程量按《水利水电工程施工组织设计规范》（SL 303—2017）的规定进行计算。

（7）对其他临时工程的工程量，如场地平整、施工占地等，按施工总布置进行估算。

（8）对有关部门提供的工程量和预算资料，应按项目划分和费用构成正确处理。如施工临时工程，按其规模、性质，有的应在第四部分“施工临时工程”一至四项中单独列项，有的包括在“其他施工临时工程”中，不单独列项。

二、工程分类

我国现行水利工程，按照工程性质分为三大类，如图3-1所示。灌溉工程（1）指设计流量大于等于$5m^3/s$的灌溉工程，灌溉工程（2）指设计流量小于$5m^3/s$的灌溉工程和田间工程。

三、概算文件组成内容

概算文件包括设计概算报告（正件）、附件、投资对比分析报告。

（一）正件组成内容

1. 编制说明

（1）工程概况。工程概况包括：流域、河系，兴建地点，工程规模，工程效益，工程布置型式，

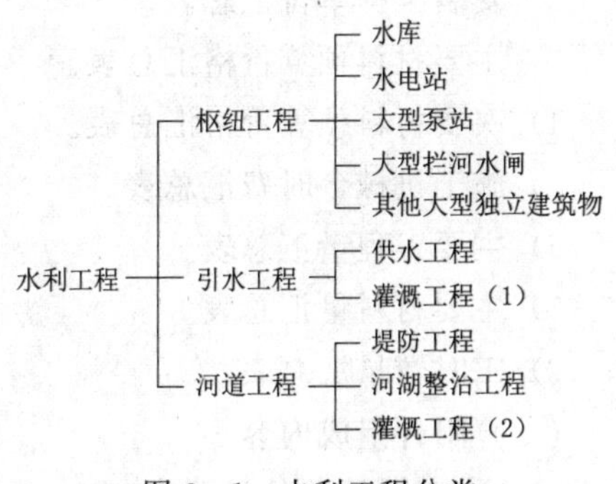

图3-1 水利工程分类

主体建筑工程量，主要材料用量，施工总工期等。

（2）投资主要指标。投资主要指标包括：工程总投资和静态总投资，年度价格指数，基本预备费率，建设期融资额度、利率和利息等。

（3）编制原则和依据。

1）概算编制原则和依据。

2）人工预算单价，主要材料，施工用电、水、风以及砂石料等基础单价的计算依据。

3）主要设备价格的编制依据。

4）建筑安装工程定额、施工机械台时费定额和有关指标的采用依据。

5）费用计算标准及依据。

6）工程资金筹措方案。

（4）概算编制中其他应说明的问题。

（5）主要技术经济指标表。主要技术经济指标表根据工程特性表编制，反映工程主要技术经济指标。

2. 工程概算总表

工程概算总表应汇总工程部分、建设征地移民补偿、环境保护工程、水土保持工程总概算表。

3. 工程部分概算表和概算附表

（1）概算表。

1）工程部分总概算表。

2）建筑工程概算表。

3）机电设备及安装工程概算表。

4）金属结构设备及安装工程概算表。

5）施工临时工程概算表。

6）独立费用概算表。

7）分年度投资表。

8）资金流量表（枢纽工程）。

（2）概算附表。

1）建筑工程单价汇总表。

2）安装工程单价汇总表。

3）主要材料预算价格汇总表。

4）次要材料预算价格汇总表。

5）施工机械台时费汇总表。

6）主要工程量汇总表。

7）主要材料量汇总表。

8）工时数量汇总表。

（二）附件组成内容

（1）人工预算单价计算表。

（2）主要材料运输费用计算表。

（3）主要材料预算价格计算表。

（4）施工用电价格计算书（附计算说明）。

（5）施工用水价格计算书（附计算说明）。

（6）施工用风价格计算书（附计算说明）。

（7）补充定额计算书（附计算说明）。

（8）补充施工机械台时费计算书（附计算说明）。

（9）砂石料单价计算书（附计算说明）。

（10）混凝土材料单价计算表。

（11）建筑工程单价表。

（12）安装工程单价表。

（13）主要设备运杂费率计算书（附计算说明）。

（14）施工房屋建筑工程投资计算书（附计算说明）。

（15）独立费用计算书（勘测设计费可另附计算书）。

（16）分年度投资计算表。

（17）资金流量计算表。

（18）价差预备费计算表。

（19）建设期融资利息计算书（附计算说明）。

（20）计算人工、材料、设备预算价格和费用依据的有关文件、询价报价资料及其他。

（三）投资对比分析报告

应从价格变动、项目及工程量调整、国家政策性变化等方面进行详细分析，说明初步设计阶段与可行性研究阶段（或可行性研究阶段与项目建议书阶段）相比较的投资变化原因和结论，编写投资对比分析报告。工程部分报告应包括以下附表：

（1）总投资对比表。

（2）主要工程量对比表。

（3）主要材料和设备价格对比表。

（4）其他相关表格。

投资对比分析报告应汇总工程部分、建设征地移民补偿、环境保护、水土保持各部分对比分析内容。

四、项目组成和项目划分

（一）项目组成

1. 第一部分建筑工程

（1）枢纽工程。指水利枢纽建筑物、大型泵站、大型拦河水闸和其他大型独立建筑物（含引水工程的水源工程）。包括挡水工程、泄洪工程、引水工程、发电厂（泵站）工程、升压变电站工程、航运工程、鱼道工程、交通工程、房屋建筑工程、供电设施工程和其他建筑工程。其中挡水工程等前七项为主体建筑工程。

1）挡水工程。包括挡水的各类坝（闸）工程。

2）泄洪工程。包括溢洪道、泄洪洞、冲沙孔（洞）、放空洞、泄洪闸等工程。

3）引水工程。包括发电引水明渠、进水口、隧洞、调压井、高压管道等工程。

4）发电厂（泵站）工程。包括地面、地下各类发电厂（泵站）工程。

5）升压变电站工程。包括升压变电站、开关站等工程。

6）航运工程。包括上下游引航道、船闸、升船机等工程。

7）鱼道工程。根据枢纽建筑物布置情况，可独立列项。与拦河坝相结合的，也可作为拦河坝工程的组成部分。

8）交通工程。包括上坝、进厂、对外等场内外永久公路，以及桥梁、交通隧洞、铁路、码头等工程。

9）房屋建筑工程。包括为生产运行服务的永久性辅助生产建筑、仓库、办公、值班宿舍及文化福利建筑等房屋建筑工程和室外工程。

10）供电设施工程。指工程生产运行供电需要架设的输电线路及变配电设施工程。

11）其他建筑工程。包括安全监测设施工程，照明线路，通信线路，厂坝（闸、泵站）区供水、供热、排水等公用设施，劳动安全与工业卫生设施，水文、泥沙监测设施工程，水情自动测报系统工程及其他。

（2）引水工程。指供水工程、调水工程和灌溉工程（1）。包括渠（管）道工程、建筑物工程、交通工程、房屋建筑工程、供电设施工程和其他建筑工程。

1）渠（管）道工程。包括明渠、输水管道工程，以及渠（管）道附属小型建筑物（如观测测量设施、调压减压设施、检修设施）等。

2）建筑物工程。指渠系建筑物、交叉建筑物工程，包括泵站、水闸、渡槽、隧洞、箱涵（暗渠）、倒虹吸、跌水、动能回收电站、调蓄水库、排水涵（槽）、公路（铁路）交叉（穿越）建筑物等。建筑物类别根据工程设计确定。工程规模较大的建筑物可以作为一级项目单独列示。

3）交通工程。指永久性对外公路、运行管理维护道路等工程。

4）房屋建筑工程。包括为生产运行服务的永久性辅助生产建筑、仓库、办公用房、值班宿舍及文化福利建筑等房屋建筑工程和室外工程。

5）供电设施工程。指工程生产运行供电需要架设的输电线路及变配电设施工程。

6）其他建筑工程。包括安全监测设施工程，照明线路，通信线路，厂坝（闸、泵站）区供水、供热、排水等公用设施工程，劳动安全与工业卫生设施，水文、泥沙监测设施工程，水情自动测报系统工程及其他。

（3）河道工程。指堤防修建与加固工程、河湖整治工程和灌溉工程（2）。包括河湖整治与堤防工程、灌溉及田间渠（管）道工程、建筑物工程、交通工程、房屋建筑工程、供电设施工程和其他建筑工程。

1）河湖整治与堤防工程。包括堤防工程、河道整治工程、清淤疏浚工程等。

2）灌溉及田间渠（管）道工程。包括明渠、输配水管道、排水沟（渠、管）工程、渠（管）道附属小型建筑物（如观测测量设施、调压减压设施、检修设施）、田间土地平整等。

3）建筑物工程。包括水闸、泵站工程，田间工程机井、灌溉塘坝工程等。

4）交通工程。指永久性对外公路、运行管理维护道路等工程。

5）房屋建筑工程。包括为生产运行服务的永久性辅助生产建筑、仓库、办公用房、值班宿舍及文化福利建筑等房屋建筑工程和室外工程。

6）供电设施工程。指工程生产运行供电需要架设的输电线路及变配电设施工程。

7）其他建筑工程。包括安全监测设施工程，照明线路，通信线路，厂坝（闸、泵站）区供水、供热、排水等公用设施工程，劳动安全与工业卫生设施，水文、泥沙监测设施工程及其他。

2. 第二部分机电设备及安装工程

（1）枢纽工程。指构成枢纽工程固定资产的全部机电设备及安装工程。该部分由发电设备及安装工程、升压变电设备及安装工程、公用设备及安装工程三项组成。大型泵站和大型拦河水闸的机电设备及安装工程项目划分参考引水工程及河道工程划分方法。

1）发电设备及安装工程。包括水轮机、发电机、主阀、起重机、水力机械辅助设备、电气设备等设备及安装工程。

2）升压变电设备及安装工程。包括主变压器、高压电气设备、一次拉线等设备及安装工程。

3）公用设备及安装工程。包括通信设备、通风采暖设备、机修设备、计算机监控系统、工业电视系统、管理自动化系统、全厂接地及保护网，电梯，坝区馈电设备，厂坝区供水、排水、供热设备，水文、泥沙监测设备，水情自动测报系统设备，视频安防监控设备，安全监测设备，消防设备，劳动安全与工业卫生设备，交通设备等设备及安装工程。

（2）引水工程及河道工程。指构成该工程固定资产的全部机电设备及安装工程。一般包括泵站设备及安装工程、水闸设备及安装工程、电站设备及安装工程、供变电设备及安装工程、公用设备及安装工程五项组成。

1）泵站设备及安装工程。包括水泵、电动机、主阀、起重设备、水力机械辅助设备、电气设备等设备及安装工程。

2）水闸设备及安装工程。包括电气一次设备及电气二次设备及安装工程。

3）电站设备及安装工程。其组成内容可参照枢纽工程的发电设备及安装工程和升压变电设备及安装工程。

4）供变电设备及安装工程。包括供电、变配电设备及安装工程。

5）公用设备及安装工程。包括通信设备、通风采暖设备、机修设备、计算机监控系统、工业电视系统、管理自动化系统、全厂接地及保护网，厂坝（闸、泵站）区供水、排水、供热设备，水文、泥沙监测设备，水情自动测报系统设备，视频安防监控设备，安全监测设备，消防设备，劳动安全与工业卫生设备，交通设备等设备及安装工程。

灌溉田间工程还包括首部设备及安装工程、田间灌水设施及安装工程等：①首部设备及安装工程。包括过滤、施肥、控制调节、计量等设备及安装工程等。②田间灌水设施及安装工程。包括田间喷灌、微灌等全部灌水设施及安装工程。

3. 第三部分金属结构设备及安装工程

金属结构设备及安装工程指构成枢纽工程、引水工程和河道工程固定资产的全部金属结构设备及安装工程。包括闸门、启闭机、拦污设备、升船机等设备及安装工程，水电站（泵站等）压力钢管制作及安装工程和其他金属结构设备及安装工程。

金属结构设备及安装工程的一级项目应与建筑工程的一级项目相对应。

4. 第四部分施工临时工程

施工临时工程指为辅助主体工程施工所必须修建的生产和生活用临时性工程。此部分组成内容如下：

（1）导流工程。包括导流明渠、导流洞、施工围堰、蓄水期下游断流补偿设施、金属结构设备及安装工程等。

（2）施工交通工程。包括施工现场内外为工程建设服务的临时交通工程，如公路、铁路、桥梁、施工支洞、码头、转运站等。

（3）施工场外供电工程。包括从现有电网向施工现场供电的高压输电线路（枢纽工程35kV及以上等级；引水工程、河道工程10kV及以上等级；掘进机施工专用供电线路）、施工变（配）电设施设备（场内除外）工程。

（4）施工房屋建筑工程。指工程在建设过程中建造的临时房屋，包括施工仓库，办公及生活、文化福利建筑和所需的配套设施工程。

（5）其他施工临时工程。指除施工导流、施工交通、施工场外供电、施工房屋建筑、缆机平台、掘进机泥水处理系统和管片预制系统土建设施以外的施工临时工程。主要包括施工供水（大型泵房及干管）、砂石料系统、混凝土拌和浇筑系统、大型机械安装拆卸、防汛、防冰、施工排水、施工通信等工程。

根据工程实际情况可单独列示缆机平台、掘进机泥水处理系统和管片预制系统土建设施等项目。

施工排水指基坑排水、河道降水等，包括排水工程建设及运行费。

5. 第五部分独立费用

独立费用由建设管理费、工程建设监理费、联合试运转费、生产准备费、科研勘测设计费和其他六项组成。

（二）项目划分

水利工程各部分下设一级、二级、三级项目。比如，在枢纽工程中，挡水工程为一级项目，下设混凝土坝（闸）工程和土（石）坝工程两个二级项目。二级子目混凝土坝（闸）工程下设土方开挖、石方开挖、土石方回填、模板、混凝土、钢筋、防渗墙、灌浆孔、灌浆、排水孔、砌石、喷混凝土、锚杆（索）、启闭机室、温控措施、细部结构工程等16个三级项目。再比如，独立费包括建设管理费、工程建设监理费、联合试运转费、生产准备费、科研勘测设计费、其他等六项一级项目。一级项目生产准备费又包括生产及管理单位提前进厂费、生产职工培训费、管理用具购置费、备品备件购置费、工器具及生产家具购置费等五项二级项目。独立费用无三级项目。

五、费用构成

水利工程费用由建设及安装工程费、设备费、独立费用、预备费、建设期融资利息构成。

（一）建筑及安装工程费

按照工程费用构成划分，建筑及安装工程费由直接费、间接费、利润、材料补差及税金组成。《水利工程营业税改征增值税计价依据调整办法》（办水总〔2016〕132号）以及水利部办公厅《关于调整水利工程计价依据增值税计算标准的通知》（办财务函〔2019〕448号），将营业税改征增值税（以下简称“营改增”）后，按“价税分离”的计价规则计算建筑及安装工程费，即工程直接费、间接费、利润、材料价差均不包含增值税进项税额，并以此为基础计算增值税税金。

1. 直接费

直接费指建筑安装工程中直接消耗在工程项目上的活劳动和物化劳动，由基本直接费和其他直接费组成。基本直接费包括人工费、材料费和施工机械使用费。其他直接费包括冬雨季施工增加费、夜间施工增加费、特殊地区施工增加费、临时设施费、安全生产措施费及其他。

（1）人工费。人工费指直接从事建筑安装工程施工的生产工人开支的各项费用，内容包括：

1）基本工资，由岗位工资和年应工作天数内非作业天数的工资组成：①岗位工资，指按照职工所在岗位各项劳动要素测评结果确定的工资；②生产工人年应工作天数内非作业天数的工资，包括生产工人开会学习、培训期间的工资，调动工作、探亲、休假期间的工资，因气候影响的停工工资，女工哺乳期间的工资，病假在六个月以内的工资及产假、婚假、丧假期间的工资。

2）辅助工资，指在基本工资之外，以其他形式支付给生产工人的工资性收入，包括根据国家有关规定属于工资性质的各种津贴，主要包括地区津贴、施工津贴、夜餐津贴、节假日加班津贴等。

（2）材料费。材料费指用于建筑安装工程项目上的消耗性材料、装置性材料和周转性材料摊销费，包括定额工作内容规定应计入的未计价材料和计价材料。材料预算价格一般包括材料原价、运杂费、运输保险费和采购及保管费四项。根据水利部办公厅《关于调整水利工程计价依据增值税计算标准的通知》（办财务函〔2019〕448号），编制概（估）算文件时，材料价格采用不含增值税进项税额的价格。主要材料适用税率为13%，次要材料及其他材料计算方法暂不调整。

1）材料原价，指材料指定交货地点的价格。

2）运杂费，指材料从指定交货地点至工地分仓库或相当于工地分仓库（材料堆放场）所发生的全部费用，包括运输费、装卸费、调车费及其他杂费。

3）运输保险费，指材料在运输途中的保险费。

4）采购及保管费，指材料在采购、供应和保管过程中所发生的各项费用，主要包括材料的采购、供应和保管部门工作人员的基本工资、辅助工资、职工福利费、劳动保护费、养老保险费、失业保险费、医疗保险费、工伤保险费、生育保险费、住房公积金、教育经费、办公费、差旅交通费及工具用具使用费；仓库、转运站等设施的检修费、固定资产折旧费、技术安全措施费和材料检验费；材料在运输、保管过程中发生的损耗等。

(3) 施工机械使用费。施工机械使用费指消耗在建筑安装工程项目上的机械磨损、维修和动力燃料费用等，包括折旧费、修理及替换设备费、安装拆卸费、机上人工费和动力燃料费等。

1) 折旧费，指施工机械在规定使用年限内回收原值的台时折旧摊销费用。

2) 修理及替换设备费：①修理费指施工机械使用过程中，为了使机械保持正常功能而进行修理所需的摊销费用和机械正常运转及日常保养所需的润滑油料、擦拭用品的费用，以及保管机械所需的费用；②替换设备费指施工机械正常运转时所耗用的替换设备及随机使用的工具附具等摊销费用。

3) 安装拆卸费，指施工机械进出工地的安装、拆卸、试运转和场内转移及辅助设施的摊销费用。部分大型施工机械的安装拆卸不在其施工机械使用费中计列，包含在其他施工临时工程中。

4) 机上人工费，指施工机械使用时机上操作人员人工费用。

5) 动力燃料费，指施工机械正常运转时所耗用的风、水、电、油和煤等费用。

(4) 冬雨季施工增加费。冬雨季施工增加费指在冬雨季施工期间为保证工程质量所需增加的费用，包括增加施工工序，增设防雨、保温、排水等设施增耗的动力、燃料、材料以及因人工、机械效率降低而增加的费用。

根据不同地区，冬雨季施工增加费按基本直接费的百分率计算：西南区、中南区、华东区取0.5%～1.0%；华北区取1.0%～2.0%；西北区、东北区取2.0%～4.0%；西藏取2.0%～4.0%。西南区、中南区、华东区中按规定不计冬雨季施工增加费的取小值，计算冬雨季施工增加费的取大值；华北区中，内蒙古等严寒地区可取大值，其他地区取中小值；西北区、东北区中，陕西、甘肃等省取小值，其他地区可取大中值。

(5) 夜间施工增加费。夜间施工增加费指施工场地和公用施工道路的照明费用。照明线路工程费用包括在“临时设施费”中；施工附属企业系统、加工厂、车间的照明费用，列入相应的产品中，均不包括在本项费用之内。

夜间施工增加费按基本直接费的百分率计算。

1) 枢纽工程：建筑工程为0.5%，安装工程为0.7%。

2) 引水工程：建筑工程为0.3%，安装工程为0.6%。

3) 河道工程：建筑工程为0.3%，安装工程为0.5%。

(6) 特殊地区施工增加费。特殊地区施工增加费指在高海拔、原始森林、沙漠等特殊地区施工而增加的费用。

(7) 临时设施费。临时设施费指施工企业为进行建筑安装工程施工所必需的，但又未被划入施工临时工程的临时建筑物、构筑物和各种临时设施的建设、维修、拆除、摊销等。例如，供风、供水（支线）、供电（场内）、照明、供热系统及通信支线，土石料场，简易砂石料加工系统，小型混凝土拌和浇筑系统，木工、钢筋、机修等辅助加工厂，混凝土预制构件厂，场内施工排水，场地平整、道路养护及其他小型临时设施等。

临时设施费按基本直接费的百分率计算。

1）枢纽工程：建筑及安装工程为3%。

2）引水工程：建筑及安装工程为1.8%～2.8%。若工程自采加工人工砂石料，取上限；若工程自采加工天然砂石料，取中值；若工程外购砂石料，取下限。

3）河道工程：建筑及安装工程为1.5%～1.7%。灌溉田间工程取下限，其他工程取中上限。

（8）安全生产措施费。安全生产措施费指为保证施工现场安全作业环境及安装施工、文明施工所需要，在工程设计已考虑的安全支护措施之外发生的安全生产、文明施工相关费用。

（9）其他。包括施工工具用具使用费，检验试验费，工程定位复测及施工控制网测设，工程点交、竣工场地清理，工程项目及设备仪表移交生产前的维护费，工程验收检测费等。

1）施工工具用具使用费，指施工生产所需，但不属于固定资产的生产工具，检验、试验用具等的购置、摊销和维护费。

2）检验试验费，指对建筑材料、构件和建筑安装物进行一般鉴定、检查所发生的费用，包括自设实验室所耗用的材料和化学药品费用，以及技术革新和研究试验费，不包括新结构、新材料的试验费和建设单位要求对具有出厂合格证明的材料进行试验、对构件进行破坏性试验，以及其他特殊要求检验试验的费用。

3）工程项目及设备仪表移交生产前的维护费，指竣工验收前对已完工程及设备进行保护所需的费用。

4）工程验收检测费，指工程各级验收阶段为检测工程质量发生的检测费用。

其他费用按基本直接费的百分率计算：①枢纽工程，建筑工程为1.0%，安装工程为1.5%；②引水工程，建筑工程为0.6%，安装工程为1.1%；③河道工程，建筑工程为0.5%，安装工程为1.0%。

需要特别说明的是，砂石备料工程其他直接费费率取0.5%。掘进机施工隧洞工程其他直接费费率执行以下规定：土石方工程、钻孔灌浆及锚固工程，其他直接费费率为2%～3%；掘进机由建设单位采购、设备费单独列项时，台时费中不计折旧费，土石方工程、钻孔灌浆及锚固工程其他直接费费率为4%～5%，敞开式掘进机费率取低值，其他掘进机取高值。

2. 间接费

间接费指施工企业为建筑安装工程施工而进行组织与经营管理所发生的各项费用。间接费构成产品成本，由规费及企业管理费组成。

（1）规费。规费指政府和有关部门规定必须缴纳的费用，包括社会保险费和住房公积金。

（2）企业管理费。指施工企业为组织施工生产和经营管理活动所发生的费用，内容包括：

1）管理人员工资，指管理人员的基本工资、辅助工资。

2）差旅交通费，指施工企业管理人员因公出差、工作调动的差旅费、误餐补助费，职工探亲路费，劳动力招募费，职工离退休、退职一次性路费，工伤人员就医路费，工地转移费，交通工具运行费及牌照费等。

3）办公费，指企业办公用文具、印刷、邮电、书报、会议、水电、燃煤（气）等费用。

4）固定资产使用费，指企业属于固定资产的房屋、设备、仪器等的折旧、大修理、维修费或租赁费等。

5）工具用具使用费，指企业管理使用不属于固定资产的工具、用具、家具、交通工具和检验、试验、测绘、消防用具等的购置、维修和摊销费。

6）职工福利费，指企业按照国家规定支出的职工福利费，以及由企业支付离退休职工的易地安家补助费、职工退休金、六个月以上病假的人员工资、按规定支付给离休干部的各项经费，职工发生工伤时企业依法在工伤保险基金之外支付的费用，其他在社会保险基金之外依法由企业支付给职工的费用。

7）劳动保护费，指企业按照国家有关部门规定标准发放的一般劳动防护用品的购置及修理费、保健费、防暑降温费、高空作业及进洞津贴、技术安全措施费以及洗澡用水、饮用水的燃料费等。

8）工会经费，指企业按职工工资总额计提的工会经费。

9）职工教育经费，指企业为职工学习先进技术和提高文化水平按职工工资总额计提的费用。

10）保险费，指企业财产保险、管理用车辆等保险费用，高空、井下、洞内、水上、水下作业等特殊工种安全保险费、危险作业意外伤害保险费等。

11）财务费用，指施工企业为筹集资金而发生的各项费用，包括企业经营期间发生的短期融资利息净支出、汇兑净损失、金融机构手续费，企业筹集资金发生的其他财务费用，以及投标和承包工程发生的保函手续费等。

12）税金，指企业按规定缴纳的房产税、管理用车辆使用税、印花税、城市维护建设税、教育费附加及地方教育附加，其中后三项为营业税改征增值税后的增补内容。

13）其他。包括技术转让费、企业定额测定费、施工企业进退场费、施工企业承担的施工辅助工程设计费、投标报价费、工程图纸资料费及工程摄影费、技术开发费、业务招待费、绿化费、公证费、法律顾问费、审计费、咨询费等。

间接费根据不同的水利工程按直接费或人工费的费率计算。间接费费率见表 3-5。

表 3-5　间接费费率表

序号	工程类别	计算基础	间接费费率/%		
			枢纽工程	引水工程	河道工程
一	建筑工程				
1	土方工程	直接费	8.5	5～6	4～5
2	石方工程	直接费	12.5	10.5～11.5	8.5～9.5
3	砂石备料工程（自采）	直接费	5	5	5
4	模板工程	直接费	9.5	7～8.5	6～7
5	混凝土浇筑工程	直接费	9.5	8.5～9.5	7～8.5

续表

序号	工程类别	计算基础	间接费费率/%		
			枢纽工程	引水工程	河道工程
6	钢筋制安工程	直接费	5.5	5	5
7	钻孔灌浆工程	直接费	10.5	9.5～10.5	9.25
8	锚固工程	直接费	10.5	9.5～10.5	9.25
9	疏浚工程	直接费	7.25	7.25	6.25～7.20
10	掘进机施工隧洞工程（1）	直接费	4	4	4
11	掘进机施工隧洞工程（2）	直接费	6.25	6.25	6.25
12	其他工程	直接费	10.5	8.5～9.5	7.25
二	机电、金属结构设备安装	人工费	75	70	70

3. 利润

利润指按规定应计入建筑安装工程费用中的利润，按直接费和间接费之和的7%计算。

4. 材料价差

指根据主要材料消耗量、主要材料预算价格与材料基价之间的差值，计算的主要材料补差金额。材料基价是指计入基本直接费的主要材料的限制价格。

5. 税金

“营改增”后，税金指增值税销项税额。根据水利部办公厅《关于调整水利工程计价依据增值税计算标准的通知》（办财务函〔2019〕448号），建筑及安装工程费的税金税率为9%。城市维护建设税、教育费附加和地方教育附加，计入间接费中的企业管理费中。

（二）设备费

设备费包括设备原价、运杂费、运输保险费和采购及保管费。

1. 设备原价

国产设备，其原价指出厂价。

进口设备，以到岸价和进口征收的税金、手续费、商检费及港口费等各项费用之和为原价。

大型机组及其他大型设备分瓣运至工地后的拼装费用，应包括在设备原价内。

2. 运杂费

运杂费指设备由厂家运至工地现场所发生的一切运杂费用，包括运输费、装卸费、包装绑扎费、大型变压器充氮费及可能发生的其他杂费。运杂费分主要设备运杂费和其他设备运杂费，均按设备原价的百分率计算。

3. 运输保险费

运输保险费指设备在运输过程中的保险费用，按有关规定计算。

4. 采购及保管费

采购及保管费指建设单位和施工企业在负责设备的采购、保管过程中发生的各项费用，按设备原价、运杂费之和的0.7%计算。

（三）独立费用

1．建设管理费

建设管理费指建设单位在工程项目筹建和建设期间进行管理工作所需的费用，包括建设单位开办费、建设单位人员费、项目管理费三项。

2．工程建设监理费

工程建设监理费指建设单位在工程建设过程中委托监理单位，对工程建设的质量、进度、安全和投资进行监理所发生的全部费用。

工程建设监理费实行市场调节价。工程监理取费可参照监理服务的项目投资额、工程复杂情况、工程所在地的环境因素等，结合监理实际服务的内容及市场行情计取。

（1）施工阶段监理服务取费宜参照工程概算的投资额采用直线内插法计算施工期基本监理服务报酬，施工期基本监理服务收费可参考表3-6。

表3-6　施工期监理服务收费基价表　单位：万元

序号	计费额	收费基价	序号	计费额	收费基价
1	500	16.5	9	60000	991.4
2	1000	30.1	10	80000	1255.8
3	3000	78.1	11	100000	1507.0
4	5000	120.8	12	200000	2712.5
5	8000	181.0	13	400000	4882.6
6	10000	218.6	14	600000	6835.6
7	20000	393.4	15	800000	8658.4
8	40000	708.2	16	1000000	10390.1

（2）根据工程复杂情况对施工期基本监理服务报酬进行调整，工程复杂情况调整系数（简称"工程复杂系数"）可取0.75～1.4。

（3）根据工程所在地的环境因素对施工期基本监理服务报酬进行调整。环境因素调整系数可取1.0～1.3。如某水利枢纽工程建于平均海拔2300m的河上，占地区基本为无人区，相对环境较复杂，其环境调整系数可取1.1。

（4）工程建设监理费也可按实际需要的监理人员的数量、不同监理人员的日服务报酬（参考表3-7）、服务期限、服务所需的差旅费等综合计算项目的监理服务报酬。

表3-7　监理人员的日服务报酬表

序号	建设工程监理与相关服务人员职级	工日服务报酬/元
1	高级专家	1500～2000
2	高级专业技术职称的监理与相关服务人员	1000～1500
3	中级专业技术职称的监理与相关服务人员	600～1000
4	初级及以下专业技术职称监理与相关服务人员	300～600

3. 联合试运转费

联合试运转费指水利工程的发电机组、水泵等安装完毕，在竣工验收前，进行整套设备带负荷联合试运转期间所需的各项费用。主要包括联合试运转期间所消耗的燃料、动力、材料及机械使用费，工具用具购置费，施工单位参加联合试运转人员的工资等。

4. 生产准备费

生产准备费指水利工程建设项目的生产、管理单位为准备正常的生产运行或管理发生的费用。包括生产及管理单位提前进厂费、生产职工培训费、管理用具购置费、备品备件购置费和工器具及生产家具购置费。

5. 科研勘测设计费

科研勘测设计费指工程建设所需的科研、勘测和设计等费用，包括工程科学研究试验费和工程勘测设计费。

6. 其他

（1）工程保险费。工程保险费指工程建设期间，为使工程能在遭受水灾、火灾等自然灾害和意外事故造成损失后得到经济补偿，而对工程进行投保所发生的保险费用。

（2）其他税费。其他税费指按国家规定应缴纳的与工程建设有关的税费。

（四）预备费及建设期融资利息

1. 基本预备费

基本预备费主要为解决在工程施工过程中，设计变更和有关技术标准调整增加的投资，以及工程遭受一般自然灾害造成的损失和为预防自然灾害所采取的措施费用。基本预备费一般按照前五项费用（即建筑工程费、机电设备及安装工程费、金属结构设备及安装工程、施工临时工程及独立费用）之和乘以一个固定的费率计算。初步设计阶段为5%～8%。技术复杂、建设难度大的工程项目取大值，其他工程取小值。

应当注意，基本预备费动用，应由项目法人提出申请，报经上级有审批权的部门批准，其使用额度应严格控制在概（预）算所列的金额之内。

2. 价差预备费

价差预备费主要为解决工程施工过程中，因人工工资、材料和设备价格上涨以及费用标准调整而增加的投资。需根据施工年限，以资金流量表的静态投资（一至五部分投资与基本预备费之和）作为计算基数。计算公式为

$$E=\sum_{n=1}^{N}F_n[(1+P)^n-1] \tag{3-1}$$

式中 E——价差预备费；

N——合理建设工期，价差预备费应按从工程筹建至工程竣工的建设工期计算；

n——施工年度；

F_n——建设期资金流量表第 n 年的投资；

P——年物价（物价上涨）指数。

3. 建设期融资利息

根据国家财政金融政策规定，工程在建设期内需偿还并应计入工程总投资的融资利息。公式为

$$S=\sum_{n=1}^{N}\left[\left(\sum_{m=1}^{n}F_{m}b_{m}-\frac{1}{2}F_{n}b_{n}\right)+\sum_{m=0}^{n-1}S_{m}F_{n}\right]\cdot i \tag{3-2}$$

式中 S——建设期融资利息；

N——合理建设工期；

n——施工年度；

m——还息年度；

F_n、F_m——建设期资金流量表内第 n 年和第 m 年的投资；

b_n、b_m——各施工年份融资额占当年投资的比例；

i——建设期融资利率；

S_m——第 m 年的付息额度。

六、基础单价编制

1. 人工预算单价

人工预算单价是指生产工人在单位时间（工时）的费用。根据《水利工程设计概（估）算编制规定》（水总〔2014〕429号文）有关规定，结合水利水电工程特点，分别确定了枢纽工程、引水工程及河道工程人工预算单价标准，划分为工长、高级工、中级工、初级工4个档次，与定额中的劳动力等级相对应。人工预算单价按表3-8的标准计算。

2. 材料预算价格

材料预算价格是指材料从供应地运到工地分仓库（或堆放场地）的出库价格。材料预算价格一般包括材料原价、运杂费、运输保险费、采购及保管费4项。

（1）主要材料预算价格。

材料预算价格=(材料原价+运杂费)×(1+采购及保管费率)+运输保险费

表3-8 人工预算单价计算标准 单位：元/工时

类别与等级		一般地区	一类区	二类区	三类区	四类区	五类区 西藏二类区	六类区 西藏三类区	西藏四类区
枢纽工程	工长	11.55	11.80	11.98	12.26	12.76	13.61	14.63	15.40
	高级工	10.67	10.92	11.09	11.38	11.88	12.73	13.74	14.51
	中级工	8.90	9.15	9.33	9.62	10.12	10.96	11.98	12.75
	初级工	6.13	6.38	6.55	6.84	7.34	8.19	9.21	9.98
引水工程	工长	9.27	9.47	9.61	9.84	10.24	10.92	11.73	12.11
	高级工	8.57	8.77	8.91	9.14	9.54	10.21	11.03	11.40
	中级工	6.62	6.82	6.96	7.19	7.59	8.26	9.08	9.45
	初级工	4.64	4.84	4.98	5.21	5.61	6.29	7.10	7.47

续表

类别与等级		一般地区	一类区	二类区	三类区	四类区	五类区 西藏二类区	六类区 西藏三类区	西藏四类区
河道工程	工长	8.02	8.19	8.31	8.52	8.86	9.46	10.17	10.49
	高级工	7.40	7.57	7.70	7.90	8.25	8.84	9.55	9.88
	中级工	6.16	6.33	6.46	6.66	7.01	7.60	8.31	8.63
	初级工	4.26	4.43	4.55	4.76	5.10	5.70	6.41	6.73

注 1. 艰苦边远地区划分执行人事部、财政部《关于印发〈完善艰苦边远地区津贴制度实施方案〉的通知》（国人部发〔2006〕61号）及各省（自治区、直辖市）关于艰苦边远地区津贴制度实施意见。
2. 西藏地区的类别执行西藏特殊津贴制度相关文件规定。
3. 跨地区建设项目的人工预算单价可按主要建筑物所在地确定，可按工程规模或投资比例进行综合确定。

从工地的材料总库运到分仓库所发生的场内运杂费应计入材料预算价格；而从工地分仓库到各施工点的运杂费用已计入定额内，在材料预算价格中不予计算。

运输保险费=材料原价×材料运输保险费率

采购及保管费=(材料原价+运杂费)×采购及保管费率

采购及保管费按材料运到工地仓库的价格为计算基数，不包括运输保险费。采购及保管费率见表3-9。

表3-9　　采购及保管费率表

序号	材料名称	费率/%	序号	材料名称	费率/%
1	水泥、碎（砾）石、砂、块石	3	3	油料	2
2	钢材	2	4	其他材料	2.5

（2）其他材料预算价格。其他材料预算价格可参考工程所在地区的工业与民用建筑安装工程材料预算价格或信息价，加至工地的运杂费。

材料预算价格采用信息价时，实际计算是否增加运杂费，要结合项目的建设地点和信息价的发布地点和覆盖范围，以及项目的实际施工方案确定。

（3）材料补差。主要材料预算价格超过表3-10规定的材料基价时，应按基价计入工程单价参与取费，预算价与基价的差值以材料补差形式计算，材料补差列入单价表中并计取税金（增值税销项税金）。主要材料预算价格低于基价时，按预算价计入工程单价。

表3-10　　主要材料基价表

序号	材料名称	单位	基价/元	序号	材料名称	单位	基价/元
1	柴油	t	2990	4	水泥	t	255
2	汽油	t	3075	5	炸药	t	5150
3	钢筋	t	2560				

3. 施工用电、水、风预算价格

施工用电、水、风的价格是编制水利工程投资的基础价格，其价格组成大致相同，由基本价、能量损耗摊销费、设施维修摊销费三部分组成。

4．施工机械使用费

施工机械台时费是指一台施工机械正常工作1小时所支出和分摊的各项费用之和。施工机械使用费根据施工组织设计确定的机械种类和《水利水电施工机械台时费定额》及有关规定计算。

根据水利部办公厅关于调整水利工程计价依据增值税计算标准的通知（办财务函〔2019〕448号），“营改增”及增值税税率调整后，按调整后的施工机械台时费定额和不含增值税进项税额的基础价格计算。施工机械台时费定额的折旧费除以1.13的调整系数，修理及替换设备费除以1.09的调整系数，安装拆卸费不变。掘进机及其他由建设单位采购、设备费单独列项的施工机械，设备费采用不含增值税进项税额的价格。

（1）施工机械台时费。施工机械台时费是计算建筑安装工程单价中机械使用费的基础价格。现行部颁的施工机械台时费由两类费用组成：

1）一类费用：分为折旧费、修理及替换设备费（含大修理费、经常性修理费）和安装拆卸费，在定额中以货币金额表示。

2）二类费用：分为人工、动力、燃料及消耗材料，以实物量表示。

（2）施工机械台时费计算方法。

1）根据施工机械型号、性能等参数，查阅定额可得第一类费用。

2）根据定额中的人工工时、燃料、动力消耗量及相应工程项目的人工工资单价、材料预算价格计算出第二类费用，即第二类费用＝$\sum$（人工及动力、燃料消耗量×相应单价）。

（3）施工机械台时费为第一类费用与第二类费用之和。

5．砂石料单价

水利工程砂石料由施工企业自行采备时，砂石料单价应根据料源情况、开采条件和工艺流程进行计算，并计取间接费、利润及税金。

外购砂、碎石（砾石）、块石、料石等材料预算价格超过70元/m^3时应按基价70元/m^3计入工程单价参加取费，预算价格与基价的差额以材料补差形式进行计算，材料补差列入单价表中并计取税金。

6．混凝土材料单价

混凝土及砂浆材料单价指按混凝土及砂浆设计强度等级、级配及施工配合比配制每立方米混凝土、砂浆所需要的水泥、砂、石、水、掺和料及外加剂等各种材料的费用之和。它不包括拌制、运输、浇筑等工序的人工、材料和机械费用，也不包含搅拌损耗外的施工操作损耗及超填量等。

（1）混凝土材料用量确定。混凝土材料单价在混凝土工程单价中占有较大的比重，各类混凝土施工配合比，是计算混凝土材料单价（或混凝土基价）的基础。编制初步设计概算单价时，掺粉煤灰混凝土、碾压混凝土的混凝土材料用量，应按各工程的混凝土级配及施工配合比试验资料计算。初步设计阶段的纯混凝土、掺外加剂混凝土，或可行性研究阶段的掺粉煤灰混凝土、碾压混凝土、纯混凝土、掺外加剂混凝土等，如无试验资料，可参照《水利建筑工程概算定额》中附录“混凝土配合比表”的各种材料用量计算混凝土材料单价。

（2）混凝土及砂浆材料单价计算。混凝土及砂浆材料单价指拌制每立方米混凝土、砂浆所需要的水泥、砂、石、水、掺和料及外加剂等各种材料的费用之和（包括自仓库至搅拌楼进料仓止的材料场内运输及操作损耗费）。“营改增”后，混凝土材料单价按混凝土配合比中各项材料的数量和不含增值税进项税额的材料价格进行计算，即混凝土材料单价＝Σ(某材料用量×某材料预算价)。

当采用商品混凝土时，其材料单价（不含增值税进项税额）应按基价 200 元/m^3 计入工程单价参加取费，预算价格与基价的差额以材料补差形式进行计算，材料补差列入单价表中并计取税金。

七、建筑、安装工程单价编制

工程单价，是指以价格形式表示的完成单位工程量（如 1 立方米、1 吨、1 套等）所耗用的全部费用，包括直接费、间接费、利润、材料补差、未计价材料费和税金等六部分内容。水利工程单价分为建筑工程和安装工程单价两类。

建筑、安装工程单价由“量、价、费”三要素组成。

量：指完成单位工程量所需的人工、材料和施工机械台时数量。须根据设计图纸及施工组织设计等资料正确选用定额相应子目的规定量。

价：指人工预算单价、材料预算价格和机械台时费等基础单价。

费：指按规定计入工程单价的其他直接费、间接费、利润、材料补差和税金等。须按规定的取费标准计算。

建筑、安装工程单价计算格式见表 3－11、表 3－12、表 3－13。

表 3－11　　建筑工程单价计算表

序号	费用名称	计算公式
1	直接费	(1)＋(2)
(1)	基本直接费	1）＋2）＋3）
1)	人工费	Σ定额人工工时数×人工预算单价
2)	材料费	Σ定额材料用量×材料预算价格
3)	机械使用费	Σ定额机械台时用量×机械台时费
(2)	其他直接费	(1)×Σ其他直接费率
2	间接费	1×间接费率
3	利润	(1＋2)×企业利润率
4	材料补差	Σ(材料预算价格－材料基价)×材料消耗量
5	税金	(1＋2＋3＋4)×税率
6	工程单价	1＋2＋3＋4＋5

表 3－12　　安装工程单价（实物量形式）计算程序表

序号	费用名称	计算公式
1	直接费	(1)＋(2)
(1)	基本直接费	1)＋2)＋3)

续表

序号	费用名称	计算公式
1)	人工费	Σ定额人工工时数×人工预算单价
2)	材料费	Σ定额材料用量×材料预算价格
3)	机械使用费	Σ定额机械台时用量×机械台时费
(2)	其他直接费	(1)×Σ其他直接费率
2	间接费	1×间接费率
3	利润	(1+2)×企业利润率
4	材料补差	Σ(材料预算价格－材料基价)×材料消耗量
5	税金	(1+2+3+4)×税率
6	未计价装置性材料费	未计价装置性材料费×材料预算价格
7	工程单价	1+2+3+4+5+6

表 3-13　　安装工程单价（费率形式）计算程序表

序号	费用名称	计算公式
1	直接费（%）	(1)+(2)
(1)	基本直接费(%)	1)+2)+3)
1)	人工费(%)	定额人工费(%)
2)	材料费(%)	定额材料费(%)
3)	装置性材料费(%)	定额装置性材料费(%)
4)	机械使用费(%)	定额机械使用费(%)
(2)	其他直接费(%)	(1)× Σ 其他直接费率(%)
2	间接费(%)	1 × 间接费率(%)
3	利润(%)	(1+2)×利润率(%)
4	税金(%)	(1+2+3)×税率
5	工程单价(%)	(1+2+3+4)(%)
6	单价	5×设备原价

八、分部工程概算编制

水利工程分部工程概算包括建筑工程、机电设备及安装工程、金属结构设备及安装工程、施工临时工程、独立费用等五个部分的概算。

（一）建筑工程

建筑工程分为主体建筑工程、交通工程、房屋建筑工程、供电设施工程和其他建筑工程，根据不同的设计深度，分别采用不同的方法编制概（估）算。

1. 主体建筑工程

（1）主体建筑工程概算按设计工程量乘以工程单价进行编制。

（2）主体建筑工程量应遵照《水利水电工程设计工程量计算规定》（SL 328—2005），按项目划分要求，计算到三级项目。

(3) 混凝土温控。当设计对建筑物混凝土施工有温控要求时，可根据温控措施设计计算其费用，也可以经过分析确定指标，按建筑物混凝土方量进行计算。

(4) 细部结构工程。可按坝型或其他工程型式，参考类似工程分析确定，也可参照水工建筑工程细部结构经验指标计算，概算定额附有参考表，但要结合具体工程的情况，对指标中的子项和指标高低进行增删或调整。

2. 交通工程

交通工程概算投资可按设计工程量乘以单价计算，也可根据工程所在地区造价指标或有关实际资料，采用扩大单位指标计算。

3. 房屋建筑工程

房屋建筑工程由永久房屋工程和室外工程组成。其中室外工程按占房屋建筑工程投资的15％～20％计算。

4. 供电设施工程

根据设计的电压等级、线路架设长度和所需配备的变配电设施要求，采用工程所在地区造价指标或有关实际资料计算。

5. 其他建筑工程

包括安全监测设施工程、水情自动测报系统工程、劳动安全与工业卫生设施等。

(二) 机电设备及安装工程

机电设备及安装工程由设备费和安装工程费两部分组成。设备费按设计单位选定的设备型号、规格、数量，出厂价、运杂费等编制。安装工程费按设计提供的设备（主要装置性材料）数量乘以安装工程单价编制。

(三) 金属结构设备及安装工程

金属结构设备及安装工程概算的编制方法与机电设备及安装工程相同。

(四) 施工临时工程

施工临时工程包括施工导流工程、施工交通工程、施工场外供电工程、施工房屋建筑工程和其他施工临时工程。

1. 施工导流工程

施工导流工程投资按设计工程量乘以工程单价计算投资。

2. 施工交通工程

施工交通工程投资按照设计工程量乘以工程单价计算，也可根据工程所在地区同类工程的造价指标或者有关的实际资料，采用扩大单位指标编制。

3. 施工场外供电工程

施工场外供电工程根据设计的电压等级、线路架设的长度及所配备的变配电设施要求，采用工程所在地区造价指标或实际资料计算投资。

从最后一级降压变压器低压侧至施工现场内各用电点的施工设备和低压配电线路不属于施工场外供电工程，它已包括在施工场内各用电施工设备的台时耗电定额内。

4. 施工房屋建筑工程

施工房屋建筑工程是指在施工过程中建造的临时房屋，包括施工仓库和办公、生活及文化福利建筑两部分。

施工仓库建筑面积由施工组织设计确定，根据当地生活福利建筑的相应造价水平确定单位造价指标，用指标法计算投资。

办公、生活及文化福利建筑指施工单位、建设单位（含监理）、设计代表在工程建设期间所需的办公室、宿舍、招待所和其他文化福利设施等房屋建筑工程。

5. 其他施工临时工程

其他施工临时工程按一至四部分建筑安装工作量（不包括其他施工临时工程本身）之和的百分率计算。

（五）独立费用

略

九、总概算

分部工程概算一至五部分投资与基本预备费之和构成工程部分静态投资。

工程部分、建设征地移民补偿、环境保护工程、水土保持工程的静态投资之和构成静态总投资。

静态总投资、价差预备费、建设期融资利息之和构成总投资。编制工程概算总表时，在工程投资总计中应按顺序计列下列项目：

（1）静态总投资（汇总各部分静态投资）。

（2）价差预备费。

（3）建设期融资利息。

（4）总投资。

第三节 施工合同价类型

水利工程施工合同主要包括单价合同和总价合同。施工合同价主要有总价结算和单价结算两种类型。

一、单价合同

单价合同是指工程量变化幅度在合同规定范围之内，合同双方按中标确定的工程单价和实际完成、符合计量规则且经质量认证合格的工程量，进行工程价款结算的承包合同。

单价合同以工程量清单为基础，主要以已标价工程量清单中的单价为依据来计算合同价格。在支付时则以实际完成的且符合合同规定的工程量为准结算工程款。水利工程规模大、施工期长、涉及面广，施工招标时工程的具体内容还不够详尽，故多采用单价合同。单价合同中，合同双方承担合同规定的各自风险，发包人或承包人任何一方均不承担过大的风险，诸如实际工程量的改变、物价的波动等。对发包人而言，这种合同形式的优点是可以减少招标准备工作；能鼓励承包人节约成本；发包人按工程量清单规定和合同条款的规定支付工程款，减少了意外开支，在合同执行中，只需对少量没有相同单价也没有类似项目单价的项目再协商确定价格，结算较简单。

《水利水电工程标准施工招标文件》（2009版）按单价承包模式编制，内置的合同一般称为单价合同。单价合同中，主要项目按单价结算，但并不是所有项目均采用单价结算，一些项目（如措施项目）通常采用总价结算。

二、总价合同

总价合同是指支付给承包人的款项在合同中是一个“规定的金额”即总价。

1. 总价合同的特点

总价合同中，合同价格是根据事先确定的由承包人实施的全部任务，按承包人在投标报价中提出的总价确定。

总价合同对承包人来说具有一定的风险，如物价波动、气候条件恶劣、水文地质条件恶劣以及其他意外情况等。因此，承包人在投标报价时应仔细分析各类风险因素，合理计算或复核招标图纸工程量，在报价中考虑并计入一定的风险费；此外，发包人也必须考虑到承包人承担的风险是可以承受的，而不应该把一个有经验的承包人所不可能预见的风险也转移给承包人，只有这样才能成功选择到一个有竞争力且合格的承包人并保证合同顺利实施。

在总价合同中，除非发包人要求发生变更或发包人违约引起索赔或发生不可抗力事件（也包括按不可抗力原则处理的异常恶劣气候条件），否则合同价格不发生变化。

2. 总价合同的种类

（1）固定总价合同。以设计图纸及现行规范等为依据，发承包双方就承包工程确定一个固定的总价，即承包方按投标时发包方接受的合同价格实施工程，无特定情况不做变化。

采用这种合同，合同总价只在设计和工程范围内有所变更且变更超过了合同规定的情况下才能随之作相应的变更，或发包人违约引起索赔或发生不可抗力事件（也包括按不可抗力原则处理的异常恶劣气候条件），除此之外，合同总价是不能变动的。因此，作为合同价格计算依据的图纸及规定、规范，应对工程做出详尽的描述。这就意味着承包人要承担实物工程量、工程单价、地质条件、气候（超过约定的异常恶劣气候条件的除外）和其他一切客观因素造成亏损的风险。在合同执行过程中，发承包双方均不能因为工程量、设备、材料价格、工资等变动和地质条件恶劣、气候恶劣（超过约定的异常恶劣气候条件的除外）等理由，提出对合同总价调整的要求。因此，承包人要在投标时对一切费用的上升因素作出估计并包含在投标报价之中。因为承包人将要为许多不可预见的因素付出代价，所以承包人往往加大不可预见费用，致使这种合同一般报价都较高，不利于降低工程造价。

固定总价合同一般适用于工期较短、要求又非常明确的建设项目。这就要求项目设计图纸完整齐全，项目工作范围及工程量计算依据准确。

（2）可调值总价合同。这种合同的总价一般也是以图纸及规定、规范为计算基础，但它是按“时价”进行计算。这是一种相对固定的价格，在合同执行过程中，由于物价上涨而使所用的工料成本增加，因而要对合同总价进行相应的调值。

可调值总价合同均明确列出有关调值的特定条款，往往是在合同特别说明书（亦称特别条款）中列明。调值工作必须按照这些特定的调值条款进行。

这种合同与固定总价合同的不同之处在于，它对合同实施中出现的风险做了分摊，发包人承担了物价上涨这一不可预测费用因素的风险，而承包人只承担了实施中实物工程量、管理成本和工期等因素的风险。

可调值总价合同适用于工程内容和技术经济指标规定很明确的项目，由于合同中列明调值条款，所以工期在1年以上的项目较适于采用这种合同形式。

第四节 工程量清单

工程量清单，是表现招标工程的项目名称、单位和相应数量的明细清单。作为招标文件的重要组成部分，工程量清单是最高投标限价和投标报价的共同基础。已标价的工程量清单是合同文件的组成部分，是合同实施期间结算、变更、索赔及争议解决的重要依据之一。工程量清单一般由封面、填表须知、总说明、分类分项工程量清单、措施项目清单、其他项目清单、零星工作项目清单、招标人供应材料价格表、招标人供应施工设备表、招标人提供施工设施表组成。

一、工程量清单编制

（一）分类分项工程量清单

分类分项工程量清单包括水利建筑工程工程量清单和水利安装工程工程量清单两大类。水利建筑工程量清单分为：土方开挖工程、石方开挖工程、土石方填筑工程、疏浚和吹填工程、砌筑工程、锚喷支护工程、钻孔和灌浆工程、基础防渗和地基加固工程、混凝土工程、模板工程、预制混凝土工程、钢筋及钢构件加工及安装工程、原料开采及加工工程和其他建筑工程，共计14小类；水利安装工程工程量清单分为机电设备安装工程、金属结构设备安装工程和安全监测设备采购及安装工程，共计3小类。

分类分项工程量清单须载明项目编号、项目编码、项目名称、计量单位、工程量、技术标准和要求（合同技术条款）条款号和备注。工程量清单中项目主要特征、工程量计算规则、主要工作内容可根据招标项目实际需要编入。工程量清单项目对应技术标准和要求（合同技术条款）相关章节，编制时应仔细阅读技术标准和要求（合同技术条款）中的计量和支付部分，区分计量和计价的界限。

1. 项目编码

分类分项工程量清单项目编码采用十二位阿拉伯数字表示（由左至右计位），共分五级。第一至九位为统一编码，其中：第一、二位为水利工程顺序码，为第一级；第三、四位为专业工程顺序码，为第二级；第五、六位为分类工程顺序码，为第三级；第七、八、九位为分项工程顺序码，为第四级；第十至十二位为清单项目名称顺序码，为第五级。当缺某分类分项工程时，九位编码数会间断不连续，当在不同部位有相同分类分项工程时，则会重复出现相同的前九位编码。前九位编码可优先考虑按附录编排的顺序编辑，若为管理方便的需要，也允许调整顺序而出现九位编码次序颠倒的情况。第五级第十至十二位是清单项目名称编码，由清单编制人根据招标工程的工程量清单项目名称设置，同一分类分项工程为了区分不同的部位、质量、材料、规格等，划分出多个清单项目时，无论这些清单项目编排位置相隔多远，都要在相同的前九位编码之后，按清单项目出现的先后次序，自 001 起不间断、不重复、不颠倒地顺序编制第十至十二位自编码，以三位不同的自编码来区分相同分类分项工程中的不同清单项目，保证在分类分项工程量清单中不出现相同的十二位清单项目编码。如坝基覆盖层一般土方开挖为 500101002001、溢洪道覆盖层一般土方开挖为 500101002002、进水口覆盖层一般土方开挖为 500101002003 等，以此类推。图 3-2 所示为编码 500101002001 各部分所代表的含义。

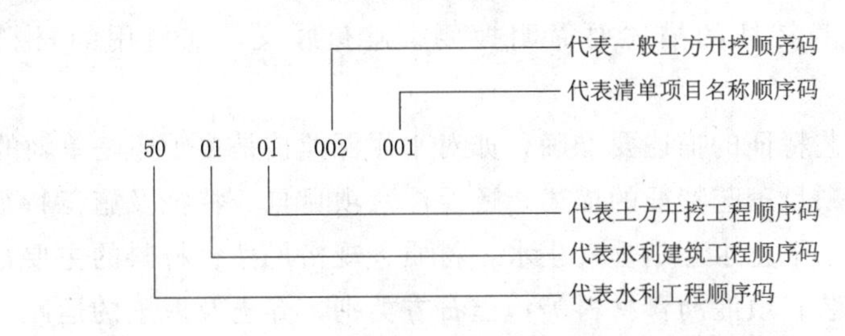

图 3-2 分类分项工程量清单项目编码含义

编制工程量清单应当杜绝项目编码错误及清单漏项、缺项。例如，清单“止水工程”（500109008）下可分为紫铜片止水、橡胶止水带止水等，而紫铜片止水下又可分为垂直止水和水平止水，应在清单编制或项目特征中加以说明。

为了体现项目层次，工程量清单项目一般需要编号，应对应项目编码采用如 1、1.1、1.1.1、1.1.1.1 等形式，一般不宜超过四级。无论序号将项目划分为多少层次或级别，仅对分类分项工程量清单中的最末一级分类分项工程项目进行编码。分类分项工程量清单的序号仅表示工程量清单项目间的层级关系和次序，没有其他特定含义，原则上应自 001 起不间断、不重复、不颠倒地顺序编制。

2. 项目名称

项目名称应按《水利工程工程量清单计价规范》（GB 50501—2007）的项目名称及项目主要特征并结合招标工程的实际确定。分类分项工程量清单中的分类工程（即项目编码一至六位）必须按照《水利工程工程量清单计价规范》（GB 50501—2007）的规定依次选择顺序编制，不得更改，在同一项目划分级别下的分类工程名称不得重复。分类分项工程（即项目编码七至九位）的划分，按照工程项目属性选定分类分项工程的一至九位项目编码，顺序编制工程量清单中的最末一级分类分项工程项目。

分类分项工程量清单中的最末一级分类分项工程项目的名称应考虑以下三个因素：

(1)《水利工程工程量清单计价规范》（GB 50501—2007）附录中项目的名称。

(2)《水利工程工程量清单计价规范》（GB 50501—2007）附录中项目的主要特征。

(3) 招标工程的实际情况。编制工程量清单时，还应考虑该项目的型号、规格、材质等特征要求，结合招标工程的实际情况，使分类分项工程量清单的项目名称尽可能具体化，能清晰地反映影响工程造价的主要因素，以利于合同管理。

随着我国科学技术的不断进步，新设备、新材料、新技术、新工艺将伴随出现，《水利工程工程量清单计价规范》(GB 50501—2007) 所编列有具体名称的分类工程项目或分类分项工程项目不可能全面覆盖所有工程项目，特别是对于加固、改建和扩建工程的项目尤为突出。编制工程量清单出现未包括的列有具体名称的分类工程项目或分类分项工程项目时，编制人可以根据该项目的属性、名称、型号、规格、材质等特征，在其他建筑工程中，或在所属建筑或安装的某分类工程中的其他分类分项工程项目内依序进行补充。

3. 项目特征

项目特征是对特定的清单项目的工作内容的具体要求。项目特征的描述应做到以下三个方面：

(1) 对项目的自身特征的描述要简明扼要、避免歧义，如使用的材料、规格及型号等。

(2) 对项目的工艺特征的描述要准确，如对水泥深搅桩是多轴还是单轴的描述等。

(3) 不仅要注意项目工艺特征的描述，还要注意项目自身特征及施工特征的描述。如紫铜片止水的类型是水平止水还是垂直止水，材质、规格尺寸、材料的主要性能指标，止水槽与沥青盒预制安装、填灌沥青材料等；土石方类别，弃土及取土的运距、压实度；混凝土灌注桩的孔径、孔深，混凝土的抗冻或抗渗等级，钢结构防腐层厚度，水泥土搅拌桩的水泥掺入比等。

4. 计量单位

计量单位按《水利工程工程量清单计价规范》(GB 50501—2007) 规定的计量单位确定。以 m^3、m^2、m、kg、个、项、根、块、台、套、组、面、只、相、站、孔、束等为单位的，应取整数；以 t、km 为单位的，应保留小数点后两位数字，第三位数字四舍五入。《水利工程工程量清单计价规范》(GB 50501—2007) 中部分分类分项工程有两种计量单位可供选用，如岩石层固结灌浆，其计量单位有“m”和“t”两种，招标人可根据具体情况选择，但在同一标段中的同一个分类分项工程中应采用同一种计量单位，以利于统计和管理。

5. 工程量

除合同另有约定外，分类分项工程量清单中的工程量是根据招标设计图纸按《水利工程工程量清单计价规范》(GB 50501—2007) 工程量计算规则计算的用于投标报价的估算工程量，不作为合同最终结算工程量。合同最终结算工程量是承包人实际完成并符合合同技术标准和要求及《水利工程工程量清单计价规范》(GB 50501—2007) 工程量计算规则等规定，按施工图纸计算的有效工程量。

6. 编制方法

分类分项工程量清单有以下两种编制方法：

(1) 先划分工程部位，后划分分类工程。一级项目按不同工程部位进行编制，二级项目按分类工程顺序进行编制，三级项目按分类分项工程项目进行编制。

(2) 先划分分类工程，后划分工程部位。一级项目按分类工程顺序进行编制，二级项目按不同工程部位进行编制，三级项目按分类分项工程项目进行编制。

（二）措施项目清单

措施项目清单是为保证工程建设质量、工期、进度、环保、安全和社会和谐而必须采取的措施。

措施项目一般按总价承包。凡能列出工程数量并按单价结算的措施项目，应列入分类分项工程量清单。措施项目清单应对照技术标准和要求（合同技术条款）相关章节编制，一般包括：进场费、退场费、保险费、现场施工测量、现场试验、施工交通设施、施工及生活供电设施、施工及生活供水设施、施工供风设施、施工照明设施、施工通信和邮政设施、砂石料生产系统、混凝土生产系统、附属加工厂、仓库和堆存料场、弃渣场、临时生产管理和生活设施、非直接属于具体工程项目的施工安全防护措施、环境保护专项措施费、水土保持专项措施费、文明施工专项措施费、施工期安全防洪度汛措施费、大型施工设备安拆费等。由于水利工程涵盖范围广，建设项目类型、作用、规模、工期差别很大，决定了水利工程措施项目的不确定性，同时除工程本身因素之外，还涉及水文、气象、环保、安全等因素。凡属应由施工企业采取的必要措施项目，在"措施项目清单"中没有的项目，可由投标人补充，一般情况下，措施项目清单应编制一个"其他"作为最末项。

（三）其他项目清单

其他项目清单一般包括暂列金额和暂估价两项。

1. 暂列金额

暂列金额用于在招投标阶段直至合同协议书签订时尚未确定或者不可预见变更、索赔、物价上涨因素引起的施工及其所需材料、工程设备、服务等的金额，包括以计日工方式支付的金额（需要注意的是，计日工应单独列入零星工作项目清单）。

暂列金额中的金额由招标人填写，其数额可视招标设计深度及估计可能引起的变更额度确定，一般可取估算合同价格的5%左右。暂列金额列入合同价格，但由发包人管理。

2. 暂估价

暂估价是指招投标阶段直至签订合同协议书时，招标人在招标文件中给定的用于支付必然要发生但暂时不能确定材料、设备以及专业工程价格的项目金额。

（四）零星工作项目清单

零星工作项目清单包括计日工劳务、计日工材料、计日工施工机械三部分。计日工单价除按基本单价计算外，还应包括必要的管理费和利润、税金等附加费用。

零星工作项目清单中，对于名称及型号规格，人工按工种，材料按名称和型号规格，机械按名称和型号规格，分别填写。对于计量单位，人工以工日或工时，材料以t、m^3等，机械以台时或台班，分别填写。不进行编码，随工程量清单发至投标人。计日工项目费用由暂列金额支付，不列入合同总价中。

编制工程量清单与投标报价是对应招标人和投标人的两个过程，相关表格格式基本相同，只是角度不同。

二、工程量清单计量规则

（一）施工临时工程

1. 现场施工测量

现场施工测量（包括根据合同约定由承包人测设的施工控制网、工程施工阶段的全部施工测量放样工作等）所需费用，由发包人按承发包合同中约定的“工程量清单”所列项目的总价支付。

2. 现场试验

（1）现场室内试验。承包人现场试验室的建设费用，由发包人按“工程量清单”所列相应项目的总价支付。

（2）现场工艺试验。除合同另有约定外，现场工艺试验所需费用，包含在现场工艺试验项目总价中，由发包人按“工程量清单”相应项目的总价支付。

（3）现场生产性试验。除合同约定的大型现场生产性试验项目由发包人按“工程量清单”所列项目的总价支付外，其他各项生产性试验费用均包含在“工程量清单”相应项目的工程单价或总价中，发包人不另行支付。

3. 施工交通设施

（1）除合同另有约定外，承包人根据合同要求完成场内施工道路的建设和施工期的管理维护工作所需的费用，由发包人按“工程量清单”相应项目的工程单价或总价支付。

（2）场外公共交通的费用，除合同约定由承包人为场外公共交通修建和（或）维护的临时设施外，承包人在施工场地外的一切交通费用，均由承包人自行承担，发包人不另行支付。

（3）承包人承担的超大、超重件的运输费用，均由承包人自行负责，发包人不另行支付。超大、超重件的尺寸或重量超出合同约定的限度时，增加的费用由发包人承担。

4. 施工及生活供电设施

除合同另有约定外，承包人根据合同要求完成施工及生活供电设施的建设、移设和拆除工作所需的费用，由发包人按“工程量清单”相应项目的工程单价或总价支付。

5. 施工及生活供水设施

除合同另有约定外，承包人根据合同要求完成施工及生活供水设施的建设、移设和拆除工作所需的费用，由发包人按“工程量清单”相应项目的工程单价或总价支付。

6. 施工供风设施

除合同另有约定外，承包人根据合同要求完成施工供风设施的建设、移设和拆除工作所需的费用，由发包人按“工程量清单”相应项目的工程单价或总价支付。

7. 施工照明设施

除合同另有约定外，承包人根据合同要求完成施工照明设施的建设、移置、维护管理和拆除工作所需的费用，由发包人按“工程量清单”相应项目的工程单价或总价支付。

8. 施工通信和邮政设施

除合同另有约定外，承包人根据合同要求完成施工通信和邮政设施的建设、移设、维护管理和拆除工作所需的费用，由发包人按“工程量清单”相应项目的工程单价或总价支付。

9. 砂石料生产系统

除合同另有约定外，承包人根据合同要求完成砂石料生产系统的建设和拆除工作所需的费用，由发包人按“工程量清单”相应项目的工程单价或总价支付。

10. 混凝土生产系统

除合同另有约定外，承包人根据合同要求完成混凝土生产系统的建设和拆除工作所需的费用，由发包人按“工程量清单”相应项目的工程单价或总价支付。

11. 附属加工厂

除合同另有约定外，承包人根据合同要求完成附属加工厂的建设、维护管理和拆除工作所需的费用，由发包人按“工程量清单”相应项目的工程单价或总价支付。

12. 仓库和存料场

除合同另有约定外，承包人根据合同要求完成仓库和存料场的建设、维护管理和拆除工作所需的费用，由发包人按“工程量清单”相应项目的工程单价或总价支付。

13. 弃渣场

除合同另有约定外，承包人根据合同要求完成弃渣场的建设和维护管理等工作所需的费用，由发包人按“工程量清单”相应项目的工程单价或总价支付。

14. 临时生产管理和生活设施

除合同另有约定外，承包人根据合同要求完成临时生产管理和生活设施的建设、移设、维护管理和拆除工作所需的费用，由发包人按“工程量清单”相应项目的工程单价或总价支付。

15. 其他临时设施

未列入“工程量清单”的其他临时设施，承包人根据合同要求完成这些设施的建设、移置、维护管理和拆除工作所需的费用，包含在相应永久工程项目的工程单价或总价中，发包人不另行支付。

（二）土方明挖工程

土方明挖工程单价包括承包人按合同要求完成场地清理，测量放样，临时性排水措施（包括排水设备的安拆、运行和维修），土方开挖、装卸和运输，边坡整治和稳定观测，基础、边坡面的检查和验收，以及将开挖可利用或废弃的土方运至监理人指定的堆放区并加以保护、处理等工作所需的费用。

土方明挖开始前，承包人应根据监理人指示，测量开挖区的地形和计量剖面，经监理人检查确认后，作为计量支付的原始资料。土方明挖按施工图纸所示的轮廓尺寸计算有效自然方体积，以 m^3 为单位计量，由发包人按“工程量清单”相应项目有效工程量的每立方米工程单价支付。施工过程中增加的超挖量和施工附加量所需的费用，应包含在“工程量清单”相应项目有效工程量的每立方米工程单价中，发包人不另行支付。

除合同另有约定外，开采土料或沙砾料（包括取土、含水量调整、弃土处理、土料运输和堆放等工作）所需的费用，包含在“工程量清单”相应项目有效工程量的工程单价或总价中，发包人不另行支付。

除合同另有约定外，承包人在料场开采结束后完成开采区清理、恢复和绿化等工作所需的费用，包含在“工程量清单”的“环境保护和水土保持”相应项目的工程单价或总价中，发包人不另行支付。

土方明挖工程计量与支付规则如下：

1. 场地平整

按施工图纸所示场地平整区域计算的有效面积以 m^2 为单位计量，由发包人按“工程量清单”相应项目有效工程量的每平方米工程单价支付。

2. 一般土方开挖、淤泥流沙开挖、沟槽开挖和柱坑开挖

按施工图纸所示开挖轮廓尺寸计算的有效自然方体积以 m^3 为单位计量，由发包人按“工程量清单”相应项目有效工程量的每立方米工程单价支付。

3. 塌方清理

按施工图纸所示开挖轮廓尺寸计算的有效塌方堆方体积以 m^3 为单位计量，由发包人按“工程量清单”相应项目有效工程量的每立方米工程单价支付。

承包人完成规定的植被清理工作所需的费用，包含在“工程量清单”相应土方明挖项目有效工程量的每立方米工程单价中，发包人不另行支付。

（三）石方明挖工程

石方明挖和石方槽挖按施工图纸所示轮廓尺寸计算的有效自然方体积以 m^3 为单位计量，由发包人按“工程量清单”相应项目有效工程量的每立方米工程单价支付。施工过程中增加的超挖量和施工附加量所需的费用，应包含在“工程量清单”相应项目有效工程量的每立方米工程单价中，发包人不另行支付。

直接利用开挖料作为混凝土骨料或填筑料的原料时，原料进入骨料加工系统进料仓或填筑工作面以前的开挖运输费用，不计入混凝土骨料或填筑料的原料的开采运输费用中。

承包人按合同要求完成基础清理工作所需的费用，包含在“工程量清单”相应开挖项目有效工程量的每立方米工程单价中，发包人不另行支付。

石方明挖过程中的临时性排水措施（包括排水设备的安拆、运行和维修）所需费用，包含在“工程量清单”相应石方明挖项目有效工程量的每立方米工程单价中。

除合同另有约定外，当骨料或填筑料原料由石料场开采时，原料开采所发生的费用和开采过程中弃料和废料的运输、堆放和处理所发生的费用，均包含在每吨（或立方米）材料单价中，发包人不另行支付。

除合同另有约定外，承包人对石料场进行查勘、取样试验、地质测绘、大型爆破试验以及工程完建后的料场整治和清理等工作所需费用，应包含在每吨（或立方米）材料单价或“工程量清单”相应项目工程单价或总价中，发包人不另行支付。

（四）地下洞室开挖工程

地下洞室开挖按施工图纸所示轮廓尺寸计算的有效自然方体积以 m^3 为单位计量，由发包人按“工程量清单”相应项目有效工程量的每立方米工程单价支付。

不可预见地质原因引起的超挖工程量，以及相应增加的支护和回填工程量所发生的费

用，由发包人按“工程量清单”相应项目或变更项目的每立方米工程单价支付。除此之外，其他因素引起的超挖工程量以及相应增加的支护和回填工程量所需的费用，均包含在“工程量清单”相应项目有效工程量的每立方米工程单价中，发包人不另行支付。

承包人因自身施工需要开挖的施工排水集水井、临时排水沟、避车洞、施工设备安装间等，其开挖、支护及回填工程量所需的费用，均包含在“工程量清单”相应项目有效工程量的每立方米工程单价中，发包人不另行支付。

由于非承包人原因修改设计开挖轮廓尺寸，并需要进行二次扩挖时，其扩挖工程量按设计开挖线与二次扩挖线之间的体积进行计算（设计要求扩挖尺寸小于15cm的，按15cm计算），由发包人按“工程量清单”相应项目或变更项目的每立方米工程单价支付。

地下开挖所需的排水、照明和通风等所需的费用，均包含在“工程量清单”相应项目有效工程量的每立方米工程单价中，发包人不另行支付。

地下洞室超前勘探洞开挖按施工图纸所示轮廓尺寸计算的有效工程量以m（或m^3）为单位计量。由发包人按“工程量清单”相应项目有效工程量的每米（或立方米）工程单价支付。

（五）支护工程

1. 锚杆

锚杆包括系统锚杆和随机锚杆，按施工图纸所示钢筋强度等级、直径和锚孔深度及外露长度的不同划分类别，以有效根数计量，由发包人按“工程量清单”相应项目有效工程量的每根工程单价支付。

2. 预应力锚索

预应力锚索按施工图纸所示预应力强度等级、黏结类型和孔内长度划分类别，以有效束数计量，由发包人按“工程量清单”相应项目有效工程量的每束工程单价支付。预应力锚索钻孔所需费用应包含在预应力锚索有效工程量的每束工程单价中，发包人不另行支付。

3. 喷射混凝土

按施工图纸所示部位、喷射厚度和是否挂网划分类别，并计算喷射混凝土有效实体方体积，以m^3为单位计量，由发包人按“工程量清单”相应项目有效工程量的每立方米工程单价支付。

4. 钢筋网（或钢丝网）

按施工图纸所示尺寸计算的钢筋网（或钢丝网）有效重量以t为单位计量，由发包人按“工程量清单”相应项目有效工程量的每吨工程单价支付。加工、安装过程中的损耗量和附加工程量所需的费用，包含在钢筋网（或钢丝网）有效工程量的每吨工程单价中，发包人不另行支付。

5. 钢支撑及其附件

按施工图纸所示尺寸计算的钢支撑及其附件有效重量以t为单位计量，由发包人按“工程量清单”相应项目有效工程量的每吨工程单价支付。

6. 边坡防护结构和防护网

边坡防护结构所采用的钢筋、型钢、锚杆、预应力锚索、土石方、砌石、混凝土等按施工图纸所示尺寸计算有效工程量，以相应专业章节“计量与支付”中规定的计量单位计量，由发包人按“工程量清单”相应项目有效工程量的工程单价支付。

边坡防护网按施工图纸所示防护区域计算的有效防护面积以 m^2 为单位计量，由发包人按“工程量清单”相应项目有效工程量的每平方米工程单价支付。

（六）钻孔和灌浆工程

1. 钻孔

钻孔按施工图纸所示尺寸计算的有效钻孔长度以 m 为单位计量，由发包人按“工程量清单”相应项目有效工程量的每米工程单价支付。

2. 灌浆

（1）帷幕灌浆、固结灌浆的灌浆按设计净干灰耗量计算的有效干灰重量以 t 为单位计量，由发包人按“工程量清单”相应项目有效工程量的每吨工程单价支付。

（2）回填灌浆、接缝灌浆和接触灌浆按施工图纸所示灌浆区域计算的有效灌浆面积以 m^2 为单位计量，由发包人按“工程量清单”相应项目有效工程量的每平方米工程单价支付。

（3）化学灌浆（包括丙烯酸盐类、丙烯酸胺类、聚氨酯类和改性环氧树脂类灌浆等）按施工图纸所示化学灌浆材料的有效总重量以 kg 为单位计量，由发包人按“工程量清单”相应项目有效工程量的每千克工程单价支付。

（4）劈裂灌浆按施工图纸所示灌浆区域计算的有效灌浆面积以 m^2 为单位计量，由发包人按“工程量清单”相应项目有效工程量的每平方米工程单价支付。

（5）灌浆管预埋、金属埋件（止水、止浆片等）等所需费用，包含在相应灌浆项目的工程单价中，发包人不另行支付。

（6）灌浆前的压水试验按设计要求计算的有效压水试验段数以试段为单位计量，由发包人按“工程量清单”相应项目有效工程量的每试段工程单价支付。

（七）基础防渗墙工程

1. 混凝土防渗墙

（1）钢筋混凝土防渗墙、塑性混凝土防渗墙按施工图纸所示尺寸计算的有效截水面积以 m^2 为单位计量，由发包人按“工程量清单”相应项目有效工程量的每平方米工程单价支付。

（2）钢筋混凝土防渗墙的钢筋按施工图纸所示钢筋强度等级、直径和长度计算的有效重量以 t 为单位计量，由发包人按“工程量清单”相应项目有效工程量的每吨工程单价支付。

2. 高压喷射灌浆防渗墙

高压喷射灌浆防渗墙按施工图纸所示尺寸计算的有效截水面积以 m^2 为单位计量，由发包人按“工程量清单”相应项目有效工程量的每平方米工程单价支付。

（八）地基及基础工程

1. 振冲地基

（1）振冲加密或振冲置换成桩按施工图纸所示尺寸计算的有效长度以 m 为单位计量，

由发包人按“工程量清单”相应项目有效工程量的每米工程单价支付。

(2) 除合同另有约定外，承包人按合同要求完成振冲试验、振冲桩体密实度和承载力检验等工作所需的费用，包含在“工程量清单”相应项目有效工程量的每米工程单价中，发包人不另行支付。

2. 混凝土灌注桩基础

(1) 钻孔灌注桩或者沉管灌注桩按施工图纸所示尺寸计算的桩体有效体积以 m^3 为单位计量，由发包人按“工程量清单”相应项目有效工程量的每立方米工程单价支付。

(2) 除合同另有约定外，承包人按合同要求完成灌注桩成孔成桩试验、成桩承载力检验、校验施工参数和工艺、埋设孔口装置、造孔、清孔、护壁，以及混凝土拌和、运输和灌注等工作所需的费用，包含在“工程量清单”相应灌注桩项目有效工程量的每立方米工程单价中，发包人不另行支付。

(3) 灌注桩的钢筋按施工图纸所示钢筋强度等级、直径和长度计算的有效重量以 t 为单位计量，由发包人按“工程量清单”相应项目有效工程量的每吨工程单价支付。

3. 沉井

(1) 沉井（包括钢筋混凝土沉井和钢沉井）按施工图纸所示尺寸计算的水面（或地面）以下的有效空间体积以 m^3 为单位计量，由发包人按“工程量清单”相应项目有效工程量的每立方米工程单价支付。

(2) 除合同另有约定外，承包人按合同要求完成地质复勘、检验试验、沉井制作、运输、清基或水中筑岛、沉放、封底等工作和操作损耗等所需的费用，包含在“工程量清单”相应项目有效工程量的每立方米工程单价中，发包人不另行支付。

(九) 土石方填筑工程

1. 坝（堤）体填筑

(1) 坝（堤）体填筑按施工图纸所示尺寸计算的有效压实方体积以 m^3 为单位计量，由发包人按“工程量清单”相应项目有效工程量的每立方米工程单价支付。

(2) 坝（堤）体全部完成后，最终结算的工程量应是经过施工期间压实并经自然沉陷后按施工图纸所示尺寸计算的有效压实方体积。若分次支付的累计工程量超出最终结算的工程量，发包人应扣除超出部分的工程量。

(3) 黏土心墙、接触黏土、混凝土防渗墙顶部附近的高塑性黏土、上游铺盖区的土料、反滤料、过渡料和垫层料均按施工图纸所示尺寸计算的有效压实方体积以 m^3 为单位计量，由发包人按“工程量清单”相应项目有效工程量的每立方米工程单价支付。

(4) 坝（堤）体上、下游面块石护坡按施工图纸所示尺寸计算的有效体积以 m^3 为单位计量，由发包人按“工程量清单”相应项目有效工程量的每立方米工程单价支付。

(5) 除合同另有约定外，承包人对料场（土料场、石料场和存料场）进行复核、复勘、取样试验、地质测绘以及工程完建后的料场整治和清理等工作所需的费用，包含在每立方米（或吨）材料单价或“工程量清单”相应项目工程单价或总价中，发包人不另行支付。

(6) 坝（堤）体填筑的现场碾压试验费用，由发包人按“工程量清单”相应项目的总价支付。

2. 土工合成材料防渗体

土工合成材料防渗体的铺设按施工图纸所示尺寸计算的有效面积以 m^2 为单位计量，由发包人按“工程量清单”相应项目有效工程量的每平方米工程单价支付。土工合成材料防渗体的接缝搭接面积和褶皱面积、抽样检验等所发生的费用包含在“工程量清单”相应项目有效工程量的工程单价中，发包人不另行支付。

3. 堆石坝体过流保护

过流保护施工和过流后堆石坝体修复、基坑排水、清淤和道路恢复等费用，由发包人按“工程量清单”相应项目的总价支付。

(十) 混凝土工程

1. 模板

(1) 除合同另有约定外，现浇混凝土的模板费用，包含在“工程量清单”相应混凝土或钢筋混凝土项目有效工程量的每立方米工程单价中，发包人不另行计量和支付。

(2) 混凝土预制构件模板所需费用，包含在“工程量清单”相应预制混凝土构件项目有效工程量的工程单价中，发包人不另行支付。

2. 钢筋

按施工图纸所示钢筋强度等级、直径和长度计算的有效重量以 t 为单位计量，由发包人按“工程量清单”相应项目有效工程量的每吨工程单价支付。施工架立筋、搭接、套筒连接、加工及安装过程中操作损耗等所需费用，均包含在“工程量清单”相应项目有效工程量的每吨工程单价中，发包人不另行支付。

3. 普通混凝土

(1) 普通混凝土按施工图纸所示尺寸计算的有效体积以 m^3 为单位计量，由发包人按“工程量清单”相应项目有效工程量的每立方米工程单价支付。

(2) 普通混凝土有效工程量不扣除设计单体体积小于 $0.1m^3$ 的圆角或斜角，单体占用的空间体积小于 $0.1m^3$ 的钢筋和金属件，单体横截面积小于 $0.1m^2$ 的孔洞、排水管、预埋管和凹槽等所占的体积，按设计要求对上述孔洞回填的混凝土也不予计量。

(3) 不可预见地质原因超挖引起的超填工程量所发生的费用，由发包人按“工程量清单”相应项目或变更项目的每立方米工程单价支付。除此之外，同一承包人由于其他原因超挖引起的超填工程量和由此增加的其他工作所需的费用，均应包含在“工程量清单”相应项目有效工程量的每立方米工程单价中，发包人不另行支付。

(4) 普通混凝土在冲（凿）毛、拌和、运输和浇筑过程中的操作损耗，以及为临时性施工措施增加的附加混凝土量所需的费用，应包含在“工程量清单”相应项目有效工程量的每立方米工程单价中，发包人不另行支付。

(5) 施工过程中，承包人按合同技术条款规定进行的各项混凝土试验所需的费用（不包括以总价形式支付的混凝土配合比试验费），均包含在“工程量清单”相应项目有效工程量的每立方米工程单价中，发包人不另行支付。

(6) 止水、止浆、伸缩缝等按施工图纸所示各种材料数量以 m（或 m^2）为单位计量，由发包人按“工程量清单”相应项目有效工程量的每米（或平方米）工程单价支付。

(7) 混凝土温度控制措施费（包括冷却水管埋设及通水冷却费用、混凝土收缩缝和冷却水管的灌浆费用、混凝土坝体的保温费用）包含在“工程量清单”相应混凝土项目有效工程量的每立方米工程单价中，发包人不另行支付。

(8) 混凝土坝体的接缝灌浆（接触灌浆），按设计图纸所示要求灌浆的混凝土施工缝（混凝土与基础、岸坡岩体的接触缝）的接缝面积以 m^2 为单位计量，由发包人按“工程量清单”相应项目有效工程量的每平方米工程单价支付。

(9) 混凝土坝体内预埋排水管所需的费用，应包含在“工程量清单”相应混凝土项目有效工程量的每立方米工程单价中，发包人不另行支付。

4. 预制混凝土

(1) 预制混凝土构件的预制和安装，按施工图纸所示尺寸计算的有效体积以 m^3 为单位计量，由发包人按“工程量清单”相应项目有效工程量的每立方米工程单价支付。

(2) 预制混凝土的钢筋费用和模板费用，均包含在“工程量清单”相应预制混凝土预制项目有效工程量的工程单价中，发包人不另行支付。

(3) 除合同另有约定外，承包人完成预制混凝土构件的吊装、运输、就位、固定、填缝灌浆、复检、焊接等工作所需的费用，包含在“工程量清单”相应预制混凝土安装项目有效工程量的每立方米工程单价中，发包人不另行支付。

5. 预应力混凝土

(1) 预应力混凝土按施工图纸所示尺寸计算的有效体积以 m^3 为单位计量，由发包人按“工程量清单”相应项目有效工程量的每立方米工程单价支付。

(2) 预应力混凝土的锚索费用，包含在“工程量清单”相应预应力混凝土项目有效工程量的每立方米工程单价中，发包人不另行支付。

6. 水下混凝土

水下混凝土按施工图纸所示浇筑范围内混凝土灌注前后的水下地形测量平、剖面图计算的水下混凝土有效体积以 m^3 为单位计量，由发包人按“工程量清单”相应项目有效工程量的每立方米工程单价支付。

7. 碾压混凝土

(1) 碾压混凝土按施工图纸所示尺寸计算的有效体积以 m^3 为单位计量，由发包人按“工程量清单”相应项目有效工程量的每立方米工程单价支付。

(2) 碾压混凝土的模板费用包含在每立方米碾压混凝土工程单价中，发包人不另行支付。

(3) 碾压混凝土配合比试验和生产性碾压试验的费用，由发包人按“工程量清单”相应项目的总价支付。

(十一) 砌体工程

浆砌石、干砌石、混凝土预制块和砖砌体按施工图纸所示尺寸计算的有效砌筑体积以 m^3 为单位计量，由发包人按“工程量清单”相应项目有效工程量的每立方米工程单价支付。

砌筑工程的砂浆、拉结筋、垫层、排水管、止水设施、伸缩缝、沉降缝及埋设件等费用，包含在“工程量清单”相应砌筑项目有效工程量的每立方米工程单价中，发包人不另行支付。

承包人按合同要求完成砌体建筑物的基础清理和施工排水等工作所需的费用，包含在“工程量清单”相应砌筑项目有效工程量的每立方米工程单价中，发包人不另行支付。

（十二）疏浚和吹填工程

疏浚工程按施工图纸所示轮廓尺寸计算的水下有效自然方体积以 m^3 为单位计量，由发包人按“工程量清单”相应项目有效工程量的每立方米工程单价支付。

疏浚工程施工过程中疏浚设计断面以外增加的超挖量、施工期自然回淤量、开工展布与收工集合、避险与防干扰措施、排泥管安拆移动以及使用辅助船只等所需的费用，包含在“工程量清单”相应项目有效工程量的每立方米工程单价中，发包人不另行支付。疏浚工程的辅助措施（如浚前扫床和障碍物的清除、排泥区围堰、隔埂、退水口及排水渠等项目）另行计量支付。

疏浚工程一般分为内河船舶疏浚、水力冲挖、挖泥船取土及吹泥船吹填，具体计量支付控制要求如下：①内河船舶疏浚，以疏浚设计断面为标准计算水下自然方工程量，再按地质柱状剖面图分别计算各类土质工程量；②水力冲挖，以设计断面为标准计算自然方工程量，再按地质柱状剖面图分别计算各类土质工程量；③挖泥船取土及吹泥船吹填，以实际取土自然方计算工程量，再按地质柱状剖面图分别计算各类土质工程量。

吹填工程按施工图纸所示尺寸计算的有效吹填体积（扣除吹填区围堰、隔埂等的体积），或者按取土工程量（水下自然方）以 m^3 为单位计量，由发包人按“工程量清单”相应项目有效工程量的每立方米工程单价支付。

吹填工程施工过程中吹填土体的沉陷量、原地基因上部吹填荷载而产生的沉降量和泥沙流失量、对吹填区平整度要求较高的工程配备的陆上土方机械等所需费用，包含在“工程量清单”相应项目有效工程量的每立方米工程单价中，发包人不另行支付。吹填工程的辅助措施（如浚前扫床和障碍物的清除、排泥区围堰、隔埂、退水口及排水渠等项目）另行计量支付。

利用疏浚排泥进行吹填的工程，疏浚和吹填的计量和支付分界根据合同相关条款的具体约定执行。

（十三）钢闸门及启闭机安装

钢闸门安装工程按施工图纸所示尺寸计算的闸门本体有效重量以 t 为单位计量，由发包人按“工程量清单”相应项目的每吨工程单价支付。钢闸门附件安装、附属装置安装、钢闸门本体及附件涂装、试验检测和调试校正等工作所需费用，包含在“工程量清单”相应钢闸门安装项目有效工程量的每吨工程单价中，发包人不另行支付。

门槽（楣）安装工程按施工图纸所示尺寸计算的有效重量以 t 为单位计量，由发包人按“工程量清单”相应项目的每吨工程单价支付。二次埋件、附件安装、涂装、调试校正等工作所需费用，均包含在“工程量清单”相应门槽（楣）安装项目有效工程量的每吨工程单价中，发包人不另行支付。

启闭机安装工程按施工图纸所示启闭机的数量以台为单位计量，由发包人按“工程量清单”相应启闭机安装项目每台工程单价支付。除合同另有约定外，基础埋件安装、附属设备（起吊梁或平衡梁、供电系统、控制操作系统、液压启闭机的液压系统等）安装、与闸门连接和调试校正等工作所需费用，均包含在“工程量清单”相应启闭机安装项目每台工程单价中，发包人不另行支付。

（十四）预埋件埋设

除合同另有约定外，预埋管道按施工图纸所示尺寸计算的有效长度（或重量）以m（或t）为单位计量，由发包人按“工程量清单”相应项目有效工程量的每米（或吨）工程单价支付。除合同另有约定外，永久设备预埋件的安装费用包含在“工程量清单”相应设备安装项目有效工程量的工程单价中，发包人不另行支付。除此之外，其他预埋件安装按施工图纸所示尺寸计算的预埋件有效重量以t为单位计量，由发包人按“工程量清单”相应项目有效工程量的每吨工程单价支付。

接地系统的预埋件按施工图纸所示接地装置尺寸计算的有效重量（或长度）以t（或m）为单位计量，由发包人按“工程量清单”相应项目有效工程量的每吨（或米）工程单价支付。

（十五）机电设备安装

机电设备的安装，按施工图纸所示设备数量以相应的单位计量，按“工程量清单”相应项目的工程单价或总价支付。

机电设备“工程量清单”的总价项目，由承包人按批准的安装进度计划对总价项目进行分解，分解结果经发包人批准后作为合同支付的依据。

由承包人按合同要求采购的装置性材料及其安装，按施工图纸所示装置性材料的有效数量以相应单位计量，由发包人按“工程量清单”相应项目有效工程量的工程单价或总价支付。

承包人为合同机电设备安装工作所进行的开箱检查、验收、清扫、仓储保管、安装现场运输、主体设备及随机成套供应的管路与附件安装、涂装、现场试验、调试、试运行和移交生产前的维护保养等工作所需的费用，包含在“工程量清单”相应机电设备安装项目的工程单价或总价中，发包人不另行支付。

除合同专项列入“工程量清单”的临时工程和措施项目外，承包人为完成机电设备安装而修建的其他临时工程和采取的其他措施所需的费用，包含在“工程量清单”相应机电设备安装项目的工程单价或总价中，发包人不另行支付。

第五节 最高投标限价

在水利工程实践中，经常会遇到最高投标限价这一名词（有时也称为拦标价或招标控制价）。最高投标限价反映发包人能接受的最高价格。最高投标限价高于成本，具有一定的利润或者合适的利润空间。最高投标限价以合同标段为编制单元，可以是一个总价，也可以是一组包含主要或关键分类分项工程和措施项目费用的一组价。

一、概念

最高投标限价是指发包人编制并预先公布的，要求投标人的投标报价不得超过，否则将按无效标处理的价格。最高投标限价应当依据工程量清单、工程计价有关规定和市场价格信息等编制，不得高于相应概算，也不得承担地方资金配套或项目法人融资风险。

招标人设有最高投标限价的，应当在招标文件中明确最高投标限价或者最高投标限价的计算方法，招标人不得规定最低投标限价。

二、作用

最高投标限价的作用包括：

（1）招标人把工程投资控制在最高投标限价范围内，提高了交易成功的可能性，有利于招标人有效控制项目投资，防止恶性投标带来的投资风险。

（2）增强招标过程的透明度，投标人根据自己的企业实力、施工方案等报价，不必揣测招标人的标底。作为评标的参考依据，避免出现较大偏离。

（3）有利于引导投标方投标报价，避免投标方无序竞争。

（4）最高投标限价反映的是社会平均先进水平，为招标人判断投标报价是否属于异常低价提供参考依据。

（5）可为工程变更新增项目确定单价提供计算依据。

三、编制依据

最高投标限价的编制依据包括：

（1）设计文件及批复等相关资料。

（2）招标文件及其澄清、修改文件。

（3）《水利工程工程量清单计价规范》（GB 50501—2007）等标准。

（4）国家或省级、行业建设主管部门颁发的计价定额和计价办法。

（5）施工现场情况、工程特点及常规施工方案。

（6）工程造价管理机构发布的工程造价信息，工程造价信息没有发布的参照市场价。

（7）其他的相关资料。

四、编制要求

编制最高投标限价时应注意以下问题：

（1）应该正确、全面地选用计价依据、标准、办法和市场化的工程造价信息。其中采用的材料价格宜通过工程造价信息平台或其他权威机构发布的材料价格确定，工程造价信息未发布材料单价的材料，其价格可通过市场调查确定。采用的市场价格则应通过调查、分析确定，有可靠的信息来源。

（2）施工机械设备的选型直接关系到综合单价水平，应根据工程项目特点和施工条件，本着经济实用、先进高效的原则确定。

（3）不可竞争的措施项目和规费、税金等费用的计算均属于强制性的条款，编制最高投标限价时应按国家有关规定计算。

（4）不同工程项目、不同投标人会有不同的施工组织方法，所发生的措施费用也会有所不同，因此，对于竞争性的措施费用的确定，招标人应首先编制常规的施工组织设计或施工方案，然后经科学论证后再合理确定措施项目与费用。

五、审核要点

水利工程建设项目的最高投标限价反映的是从招标人角度的单个合同标段费用，其组成与工程量清单及投标报价一致，一般由分类分项工程费、措施项目费、其他项目费等组成。

1. 分类分项工程费的编制

分类分项工程费应根据招标文件中的分类分项工程项目清单及有关要求，按《水利工程工程量清单计价规范》（GB 50501—2007）有关规定确定综合单价计价。

最高投标限价的分类分项工程费由招标工程量清单中给定的工程量乘以其相应综合单价汇总而成。综合单价应按照招标人发布的分类分项工程项目清单的项目名称、工程量、项目特征描述，依据有关费用构成、计算标准和相关定额进行组价确定。

首先，依据提供的工程量清单和招标图纸，确定清单计量单位所组价的子项目名称，并计算出相应的工程量。

其次，依据工程造价政策规定或信息价确定其对应组价子项的人工、材料、施工机械台时等基础单价。

再次，在考虑风险因素确定管理费率和利润率的基础上，按规定程序计算出所组价子项的合价。计算公式为

$$
\begin{aligned}
\text{清单组价子项合价}=&\text{清单组价子项工程量}\times[\sum(\text{人工消耗量}\times\text{人工工时费})\\
&+\sum(\text{材料消耗量}\times\text{材料预算价格})\\
&+\sum(\text{机械消耗量}\times\text{机械台时费})+\text{管理费和利润}\\
&+\text{增值税销项税额}]
\end{aligned}
\tag{3-3}
$$

最后，将若干项所组价的子项合价相加并考虑未计价材料费除以工程量清单项目工程量，便得到工程量清单项目综合单价，见式（3-4），对于未计价材料费（包括暂估单价的材料费）应计入综合单价。

$$
\text{工程量清单综合单价}=(\sum\text{定额项目合价}+\text{未计价材料})/\text{工程量清单项目工程量}
\tag{3-4}
$$

综合单价中应包括招标文件中要求投标人所承担的风险内容及其范围（幅度）产生的风险费用。对于技术难度较大和管理复杂的项目，可考虑一定的风险费用，并纳入综合单价中。对于工程设备、材料价格的市场风险，应依据招标文件的规定、工程所在地或行业工程造价管理机构的有关规定，以及市场价格趋势，考虑一定率值的风险费用，纳入综合单价中。

2. 措施项目费的编制

措施项目应按招标文件中提供的措施项目清单确定，措施项目分为以“量”计算和以

"项"计算两种。对于可计量的措施项目，以"量"计算即按其工程量采用与分类分项工程项目清单单价相同的方式确定综合单价；对于不可计量的措施项目，则以"项"为单位，采用经验法或参考同类工程法按有关规定综合取定。

3. 其他项目费的编制

暂列金额和暂估价与招标文件载明的工程量清单一致。

4. 设备费的编制

设备采购可参考初步设计概算编制中设备费的计算，一般以设备概算价格作为最高投标限价。

第六节 投标报价审核

投标报价是评标中的评审因素之一，占据绝对比重，直接决定能否中标。中标人的投标报价（经计算性算术错误修正后）即是签约合同价。因此，投标报价是否合理直接影响合同能否顺利实施。

一、工程类投标报价审核

（一）投标报价表审核

投标报价表应由以下表格组成：

（1）投标总价。

（2）工程项目总价表。

（3）分类分项工程量清单计价表。

（4）措施项目清单计价表。

（5）其他项目清单计价表。

（6）零星工作项目计价表。

（7）工程单价汇总表。

（8）工程单价费（税）率汇总表。

（9）投标人生产电、风、水、砂石基础单价汇总表。

（10）投标人生产混凝土配合比材料费表。

（11）招标人供应材料价格汇总表（若招标人提供）。

（12）投标人自行采购主要材料预算价格汇总表。

（13）招标人提供施工机械台时（班）费汇总表（若招标人提供）。

（14）投标人自备施工机械台时（班）费汇总表。

（15）总价项目分类分项工程分解表。

（16）工程单价计算表。

上述表格中，投标总价、工程项目总价表、分类分项工程量清单计价表、措施项目清单计价表、其他项目清单计价表和零星工作项目计价表是主表。根据招标文件要求，除另有约定外，投标人应严格按工程量清单格式填报单价和合价（总价），不得改动工程量清单。投标人填报上述表格时应结合技术标准和要求（合同技术条款）中相关计量支付的要求和《水利工程工程量清单计价规范》（GB 50501—2007）附录A、附录B规定的主要工作内容、工程量计算规则及其他相关问题处理规定。

工程单价汇总表，工程单价费（税）率汇总表，投标人生产电、风、水、砂石基础单价汇总表，投标人生产混凝土配合比材料费表，招标人供应材料价格汇总表，投标人自行采购主要材料预算价格汇总表，招标人提供施工机械台时（班）费汇总表，投标人自备施工机械台时（班）费汇总表，总价项目分类分项工程分解表，工程单价计算表是辅助表格，是主表填报的基础和依据，也是合同执行中处理变更的重要依据。

审核投标报价时应检查投标报价表组成是否具备完整性。

（二）工程量清单计价表审核

对工程量清单计价表的审核主要审核分类分项工程项目、措施项目、其他项目、零星工作项目的填报及相应辅助表格是否符合招标文件要求。

1. 分类分项工程报价审核要求

审核时重点把握以下几点：

（1）投标人是否随意增加、删除或涂改招标文件工程量清单中的内容。表中的序号、项目编码、项目名称、计量单位、工程数量，是否按招标文件分类分项工程量清单中的相应内容填写。

（2）工程量清单中列明的所有需要填报的单价和合价，投标人有无漏报。

（3）工程单价是否根据《水利工程工程量清单计价规范》（GB 50501—2007）规定的工程单价组成内容，按招标文件和该规范附录A和附录B中的“主要工作内容”确定。

（4）审核单价计算中各项税率、费率计取的准确性，费用构成和计算标准是否依据国家有关规定并考虑市场竞争因素，“营改增”等因素是否考虑。

（5）审核综合单价组价方式是否准确完整；是否包括拟定的招标文件中要求投标人承担的风险费用。

（6）审核有效工程量以外的超挖、超填工程量，施工附加量，加工、运输损耗量等，所消耗的人工、材料和机械费用，是否摊入相应有效工程量的工程单价内。

（7）检查有无不平衡报价。重点对不平衡报价的风险点（如设计深度不足的可能设计变更，工程量变化频繁，单价争议较多的土石方工程等）进行核查。

（8）检查投标报价有无计算性算术错误。

2. 措施项目报价审核要求

措施项目清单中所列的措施项目均以每一项为单位，以“项”列示，这部分项目通常是招标人不提供工程量，而由投标人自行编制方案、自行报价。审核投标报价时，主要是审核措施项目列举的项目是否符合工程需要，费用是否合理，是否足额计列，有无漏项；是否与分类分项工程项目存在重复；审核安全文明施工费是否按照国家或省级、行业建设主管部门的规定计价，不得作为竞争性费用；审核总价项目有无分解。

3. 其他项目报价的审核

主要是审核暂列金额和暂估价是否按招标文件给定的金额和标准填报，列入投标总价中。

4. 零星工作项目的审核

主要审核两方面内容：一是人工、材料、机械的名称、规格型号以及计量单位及单价是否完整合理；二是计日工金额是否按招标文件要求列入投标总价中。

5. 对辅助表格的审核

对辅助表格的审核主要是审核辅助表格的填写是否符合填写要求。辅助表格的填写要求如下：

(1) 工程单价汇总表，按工程单价计算表中的相应内容、价格（费率）填写。工程单价汇总表不仅是工程单价计算表的结果汇总，还包括以工程单价计算表的结果为基础分析的综合单价。除约定不分析单价的工程项目外，分类分项工程量清单填报的单价均应当在工程单价汇总表中反映。

(2) 工程单价费（税）率汇总表，按工程单价计算表中的相应内容、费（税）率填写。

(3) 投标人生产电、风、水、砂石基础单价汇总表，按基础单价分析计算成果的相应内容、价格填写，并附相应基础单价的分析计算书。

(4) 投标人生产混凝土配合比材料费表，按表中工程部位、混凝土和水泥强度等级、级配、水灰比、坍落度、相应材料用量和单价填写，填写的单价必须与工程单价计算表中采用的相应混凝土材料单价一致。

(5) 招标人供应材料价格汇总表，按招标人供应的材料名称、规格型号、计量单位和供应价填写，并填写经分析计算后的相应材料预算价格，填写的预算价格必须与工程单价计算表中采用的相应材料预算价格一致（若招标人提供）。招标人供应材料价格汇总表中，招标人供应材料的材料预算价格由招标人在工程量清单中说明，投标人考虑材料二次运输、仓储后分析的材料预算价格进入单价分析表，按照约定的扣除方式计算合同单价（包含材料款）或合同执行单价（不包含材料款）。

(6) 投标人自行采购主要材料预算价格汇总表，按表中的序号、材料名称、规格型号、计量单位和预算价填写，填写的预算价必须与工程单价计算表中采用的相应材料预算价格一致。

(7) 招标人提供施工机械台时（班）费汇总表，按招标人提供的机械名称、规格型号和招标人收取的台时（班）折旧费填写。投标人填写的台时（班）费用合计金额必须与工程单价计算表中相应的施工机械台时（班）费单价一致（若招标人提供）。

(8) 投标人自备施工机械台时（班）费汇总表，按表中的序号、机械名称、规格型号、一类费用和二类费用填写，填写的台时（班）费合计金额必须与工程单价计算表中相应的施工机械台时（班）费单价一致。

(9) 工程单价计算表，按表中的施工方法、序号、名称、规格型号、计量单位、数量、单价、合价填写，填写的人工、材料和机械等基础价格，必须与基础材料单价汇总表、主要材料预算价格汇总表及施工机械台时（班）费汇总表中的单价相一致，填写的施工管理费、企业利润和税金等费（税）率必须与工程单价费（税）率汇总表中的费（税）率相一致。

（10）总价项目分类分项工程分解表适用于对分类分项工程工程量清单中标注“总价”的项目进行分解，暂估价项目不属于必须分解的项目。措施项目可按照招标文件规定分解，措施项目的分解主要是支付进度的分解。总价项目分类分项工程除按照分类分项工程格式进行分解外，还应按照招标文件规定进行支付进度分解。

二、货物类投标报价审核

1. 对货物清单报价表组成的审核

对货物清单报价表组成的审核主要审核货物清单报价表是否完整。货物清单报价表应由以下表格组成：

（1）货物清单总价表。

（2）分组货物清单报价表。

（3）（质保期内）所需备品备件清单。

（4）单价分析表。

2. 对货物清单报价表的审核

对货物清单报价表的审核主要是审核货物清单报价表是否符合以下填写规定：

（1）除招标文件另有规定外，货物清单报价表中的单价和合价包括由卖方承担的设备原价、运杂费、运输保险费、采购及保管费、税金等全部费用和要求获得的利润以及应由卖方承担的义务、责任和风险所发生的一切费用。

（2）除招标文件另有规定外，投标人不得随意增加、删除或涂改招标文件货物清单中的任何内容。货物清单中列明的所有需要填写的单价和合价，投标人均应填写；未填写的单价和合价，视为已包括在货物清单的其他单价和合价中。

（3）货物清单总价表中的暂列金是用于签订合同时尚未确定或不可预见项目的暂列金额，由买方填写，并按规定使用。

（4）投标金额（价格）均应以人民币表示。

（5）货物清单总价表中组号和货物名称按招标文件货物清单中的相应内容填写，并按分组货物清单报价表中相应项目合计金额填写。

（6）分组货物清单报价表中的序号、项目名称、计量单位、货物数量，按招标文件分组货物清单报价表的相应内容填写，并填写相应项目的单价和合价。

（7）货物报价应包括采购（制造）、运输、质量检验、卸货、安装调试配合、验收、培训等一切内容。

思　考　题

3-1　简述工程概算的编制要点。

3-2　简述工程量清单的编制要求。

3-3　简述最高投标限价的概念及作用。

3-4　简述投标报价审核要点。

第四章　施工阶段投资控制

监理单位施工阶段投资控制的主要任务就是协助发包人、督促承包人编制资金使用计划，根据计量与计价规则进行计量和计价，配合发包人对符合要求的工程价款予以结算和支付（包括预付款支付和工程进度付款、完工结算和最终结清），处理或协助发包人处理合同变更、索赔、物价上涨、合同解除结算与支付等。

第一节　资金使用计划的编制

资金使用计划的编制是施工阶段投资控制的起点，在投资控制中占据重要地位。

一、编制资金使用计划的目的

编制资金使用计划的目的是明确投资控制目标值，按照一定的结构，合理分解目标，动态比对，找出实际值和计划值偏差，找出偏差原因并及时采取纠正措施，将偏差控制在一定范围内。编制资金使用计划，应在设计概算的基础上，结合施工承发包合同、项目划分、施工进度等约束条件，综合考虑由发包人提供或者根据物资采购合同中有关物资供应、材料供应以及土地征用等方面的费用，考虑一定的不可预见影响，按一定的结构方法编制资金使用计划。

在编制资金使用计划时，对施工进展情况的估计水平和拥有的资料有限，同时施工过程中各种因素又可能发生变化，因此应辩证地对待资金使用计划中的投资目标值。在编制阶段，充分获取信息和资料，力求编制合理适用的资金使用计划，维护投资控制目标的严肃性。施工过程中，要根据实际情况对原资金使用计划做出必要的调整和修正。调整并不意味着可以随意或者直接修改项目投资的目标值，而应该遵循计划编制的规定程序进行调整修正。

资金使用计划是监理人审核承包人按合同规定递交的施工进度计划和现金流计划的依据。监理人的工作具体为：①对比分析资金使用计划；②将资金使用计划，对照施工合同、项目划分、进度计划，在投资、进度、质量、安全目标之间进行平衡协调；③确立目标，做好过程的监控比对，出现重大偏差时，督促承包人进行纠偏。

二、资金使用计划的编制方法

资金使用计划分解结构，直接决定了今后能否进行过程比对。项目结构分解方法不同，资金使用计划的编制方法也有所不同，常见的有按工程投资构成编制资金使用计划、按工程项目划分组成编制资金使用计划及按工程进度编制资金使用计划。这三种不同的编制方法可以有效地结合起来，组成一个详细完备的资金使用计划体系。通常，施工进度计划中的项目划分和投标文件中工程量清单中的项目划分在某些项目的精细度方面可能不一致，为便于资金使用计划的编制和使用，监理人在要求承包人提交进度计划时应预先约定，使进度计划中的项目划分和资金使用计划中的项目划分相互协调。

编制资金使用计划时，要在项目总体方面考虑预备费，也要在主要的工程分项中安排适当的预备费。如果在编制资金使用计划时发现个别单位工程或工程量表中某项内容的工程量计算出入较大，使根据招标时的工程量估算所做的投资预算失实，那么，除对这些个别项目的预算支出作相应调整外，还应特别注明是"预计超出子项"，在项目的实施过程中尽可能采取对策措施。

第二节　预　付　款

预付款是发包人为帮助承包人解决施工准备阶段的资金周转问题而提前支付的一笔款项，用于承包人为合同工程施工购置材料、工程设备、施工设备、修建临时设施以及组织施工队伍进场等。预付款分为工程预付款和材料预付款。

一、工程预付款

（一）工程预付款的支付

1. 工程预付款数额的确定

工程预付款的总金额一般不低于签约合同价的 10％，合同项目包含大宗设备采购的，可适当提高，但不宜超过 30％。发包人提供的工程预付款数额越大，承包人的前期资金压力越小。具体金额由发包人与承包人在项目施工合同的专用合同条款中约定。需要注意的是，承包人解决前期资金的压力不能全部依靠工程预付款。根据合同约定，为保证工程顺利实施，承包人还应根据投标时的承诺提供一定金额的流动资金（违法垫资的除外）。

2. 工程预付款的支付条件

（1）发包人与承包人之间的协议书已签订并生效。

（2）承包人根据合同的格式与要求已提交了工程预付款担保。

3. 工程预付款的支付程序

当满足工程预付款支付条件后，承包人向监理人提出预付款申请，监理人按合同规定进行审核，确认满足合同规定的预付款支付条件的，监理人应向发包人发出工程预付款支付证书；发包人应在收到工程预付款支付证书后向承包人支付工程预付款。

工程预付款一般分两次支付。第一次支付款金额为工程预付款总金额的 50％；应在合同协议书签订后，由承包人向发包人提交了招标文件规定的工程预付款担保，并经监理人出具付款证书报送发包人批准后 14 天内予以支付。第二次支付需待承包人主要设备进场后，其估算价值已达到本次预付款金额时，由承包人提出书面申请，经监理人核实后出具付款证书报送发包人批准后 14 天内予以支付。需要注意的是，在当合同履约担保的保证金额度大于所要求的工程预付款担保额度，发包人分析认为可以确保履约安全的情况下，承包人可与发包人协商不提交预付款担保，但应在履约担保中写明其兼具工程预付款担保的功能。

工程预付款担保的形式以银行保函为主，发包人不得拒绝银行保函，并在招标文件中明确规定。工程预付款担保的主要作用是保证承包人能够按合同规定的目的使用并及时偿还发包人已支付的全部预付金额。如果承包人中途毁约，中止工程，使发包人不能在规定期限内从应付工程款中扣除全部预付款，则发包人有权从该项担保中获得补偿。工程预付款担保金额根据预付款扣回的数额相应扣减，但在预付款全部扣回之前一直有效。

（二）工程预付款的扣还

工程预付款的扣还采用以下方法。

1. 公式法

即工程预付款在合同累计完成金额达到签约合同价的百分比时开始扣款，直至合同累计完成金额达到签约合同价的百分比时全部扣清。

工程预付款的扣还公式为

$$R=\frac{A}{(F_2-F_1)S}(C-F_1S) \tag{4-1}$$

式中 R——每次进度付款中累计扣回的金额；

A——工程预付款总金额；

S——合同价格；

C——合同累计完成金额；

F_1——开始扣款时合同累计完成金额达到合同价格的比例，一般为20%；

F_2——全部扣清时合同累计完成金额达到合同价格的比例，一般为80%～90%。

上述合同累计完成金额均指价格调整前未扣质量保证金的金额。

2. 平均数额法

可约定工程预付款从工程月进度应付款达到某个金额后起扣，在月进度付款中按月平均扣还（当月不足以扣还的，顺延次月）。

需要注意的是，在颁发合同工程完工证书前，由于不可抗力或其他原因解除合同时，预付款尚未扣清的，尚未扣清的预付款余额应作为承包人的到期应付款。

二、材料预付款

工程材料预付款主要用于帮助承包人在施工初期购进成为永久工程组成部分的主要工程材料或设施的款项。工程材料预付款的额度应由发包人与承包人在专用合同条款中具体约定。工程材料预付款金额一般以材料发票上费用的75%～90%为限，以计入进度付款凭证的方式支付，也可预先一次支付。一般来说，工程材料预付款不需承包人提供工程材料预付款保函，但须规定，承包人的进场工程材料必须报监理人检验且符合合同规定；已在施工现场的工程材料，其所有权属于发包人，不经监理人同意，不得擅自运出施工现场。同时，支付了工程材料预付款，并不意味着对此工程材料和设备的最后批准，如果验收后或在使用过程中发现工程材料或设备不符合规范和合同规定，监理人仍然有权否决这些不合格的工程材料和设备。

(一) 材料预付款的支付条件

(1) 材料的质量和储存条件均符合有关规范和合同要求。

(2) 材料已到达工地，并经承包人和监理人共同验点入库。

(3) 承包人按监理人的要求提交了材料的订货单、收据或价格证明文件，以及材料质量合格的证明文件或检验报告。

(二) 材料预付款的支付

材料预付款是发包人以无息贷款形式，在月支付工程款的同时，专供给承包人的一笔用以购置材料与设备的价款。工程材料预付款的预付办法应由发包人与承包人在专用合同条款中具体约定。例如，双方可约定工程材料到达工地并满足上述条件后，承包人可向监理人提交材料预付款支付申请单并要求支付。监理人审核后，按合同规定的支付比例在月支付款中支付。

(三) 材料预付款的扣回

工程材料预付款的扣回与还清也应在专用合同条款中约定。一般情况下，发包人在支付工程材料预付款后应按合同规定的时间（一般为 3 个月或几个月）内以平均的方式在月支付中陆续扣回。

第三节 工程计量与计价

工程计量与计价指建设实施期间监理单位的一项工作，是发包人向承包人支付合同价款的关键环节，是监理单位投资控制的重要内容。

一、工程计量

在施工过程中，对承包人已完成的工程量的测量和计算，称为工程计量，简称计量。具体来说，就是双方根据设计图纸、技术标准和要求（合同技术条款）以及合同约定的计量方式、方法，对承包人已经完成的质量合格的工程实体数量进行测量和计算，并以物理计量单位或自然计量单位进行表示、确认的过程。

(一) 计算工程量

工程计量中常涉及以下概念。

1. 图纸工程量

图纸工程量指根据规定，按建筑物或工程的设计几何轮廓尺寸计算出的工程量。

2. 施工超挖量、超填量及施工附加量

为保证建筑物的安全，施工开挖一般都不允许欠挖。为保证建筑物的设计尺寸，施工超挖是难以避免的。

施工附加量指为完成本项工程而必须增加的工程量，如隧洞开挖中的错车洞、避炮洞等。

施工超填工程量指由于施工超挖量、施工附加量相应增加的回填工程量。

现行概算定额已按现行施工规范计入了允许的超挖量、超填量和合理的施工附加量。但是，如遇特殊地质条件或施工进度要求需要采用某种施工机械、施工方法，而将产生偏离“允许的超挖量、超填量和合理的施工附加量”时，应在充分论证的基础上对定额进行合理的调整。

现行预算定额不包括施工中允许的超挖、超填量及合理的施工附加量，因此使用预算定额时，应另行按有关规定及工程实际资料计算施工中超挖、超填量和施工附加量。

3. 施工损失量

施工损失量包括体积变化的损失量、运输及操作损耗量和其他损耗量。

现行概、预算定额中已计入了场内操作运输损耗量。现行概、预算定额的总说明及章、节说明中对施工损失量均有相关规定。例如，土石坝操作损耗量、施工期沉陷损失量，以及削坡、雨后清理等损失工程量，已计入概算定额土石方填筑的消耗量中，而预算定额的相关工程量需要另行考虑计算。

4. 质量检查工程量

质量检查工程量包括基础处理工程检查工程量和其他检查工程量。

现行概算定额中钻孔灌浆定额已按施工规范要求计入了一定数量的检查孔钻孔、灌浆工程量，故采用概算定额编制概（估）算时，不应计列检查孔的工程量。现行预算定额中钻孔灌浆定额不包含检查孔钻孔、灌浆工程量，采用预算定额时，应按灌浆方法和灌浆后的 Lu 值，选用相应定额计算检查孔的费用。土石方填筑检查所需的挖掘试坑，现行概、预算定额已计入了一定数量的土石坝填筑质量检测所需的试验坑，故采用概、预算定额时不应计列试验坑的工程量。

5. 清单工程量

清单工程量是依据《水利工程工程量清单计价规范》（GB 50501—2007）的规定，在招标投标阶段编制工程量清单的有效工程量。清单工程量应按计价规范规定的工程量计算规则和相关条款说明计算。

（二）工程量计算规定

工程量计算应遵守如下规定：

（1）承包人应保证自供的一切计量设备和用具符合国家度量衡标准的精度要求。

（2）除合同另有约定外，凡超出施工图纸所示、合同技术标准和要求规定的有效工程量以外的超挖、超填工程量，施工附加量，加工、运输损耗量等均不予计量。

（3）根据合同完成的有效工程量，由承包人按施工图纸计算，或采用标准的计量设备进行计量，并经监理人签认后，列入承包人的每月完成工程量报表。当分次结算累计工程量与按完成施工图纸所示及合同文件规定计算的有效工程量不一致时，以按完成施工图纸所示及合同文件规定计算的有效工程量为准。

（4）分次结算工程量的测量工作，应在监理人在场的情况下，由承包人负责。必要时，监理人有权指示承包人对结算工程量重新进行复核测量，并由监理人核查确认。

（5）当承包人完成了工程量清单中每个子目的工程量后，监理机构应当要求承包人派员共同对每个子目的历次计量报表进行汇总和总体测量，核实该子目的最终计量工程量；

承包人未按监理机构要求派员参加的，监理机构最终核实的工程量视为该子目的最终计量工程量。

(三) 计量程序

1. 单价子目的计量

已标价工程量清单中的单价子目工程量为估算工程量。结算工程量是承包人实际完成的，并按合同约定的计量方法进行计量的工程量。工程项目开工前，监理机构应监督承包人按有关规定或施工合同约定完成原始地形的测绘，并审核成果。单价子目计量程序如下：

(1) 承包人对已完成的工程进行计量，向监理人提交进度付款申请单、已完成工程量报表和有关计量资料。

(2) 监理人对承包人提交的工程量报表进行复核，以确定实际完成的工程量。对数量有异议的，可要求承包人按约定进行共同复核和抽样复测。承包人应协助监理人进行复核并按监理人要求提供补充计量资料。承包人未按监理人要求参加复核的，监理人复核或修正的工程量视为承包人实际完成的工程量。

(3) 监理人认为有必要时，可通知承包人共同进行联合测量、计量，承包人应遵照执行。

(4) 承包人完成工程量清单中每个子目的工程量后，监理人应要求承包人派员共同对每个子目的历次计量报表进行汇总，以核实最终结算工程量。监理人可要求承包人提供补充计量资料，以确定最后一次进度付款的准确工程量。承包人未按监理人要求派员参加的，监理人最终核实的工程量视为承包人完成该子目的准确工程量。

(5) 监理人应在收到承包人提交的工程量报表后的 7 天内进行复核，监理人未在约定时间内复核的，承包人提交的工程量报表中的工程量视为承包人实际完成的工程量，据此计算工程价款。

2. 总价子目的计量

除专用合同条款另有约定外，总价子目的分解和计量按照下述程序进行：

(1) 总价子目的计量和支付应以总价为基础，不因调价中的因素而进行调整。承包人实际完成的工程量，是进行工程目标管理和控制进度支付的依据。

(2) 承包人应将工程量清单中的各总价子目进行分解，并在签订协议书后的 28 天内将各子目的总价支付分解表提交监理人审批。分解表应标明其所属子目和分阶段需支付的金额。承包人应按批准的各总价子目支付周期内，对已完成的总价子目进行计量，确定分项的应付金额列入进度付款申请单中。

(3) 监理人对承包人提交的上述资料进行复核，以确定分阶段实际完成的工程量和工程形象目标。对其有异议的，可要求承包人按相关约定进行共同复核和抽样复测。

(4) 除按照约定的变更外，总价子目的工程量是承包人用于结算的最终工程量。

(四) 计量规定

1. 计量的项目必须是合同中规定的项目

在工程计量中，只计量合同中规定的项目。对合同工程量清单规定以外的项目（如承包人自己规划设计的施工便道、临时栈桥、脚手架，以及为施工需要而修建的施工排水泵、河岸护堤、隧洞内避车洞、临时支护等）将不予计量。这些项目的费用被认为在承包人报价中已经考虑，已分摊到合同规定的相应项目中了。因此，应计量的项目只包括以下内容：

（1）工程量清单中的全部项目。

（2）已由监理人发出变更指令的工程变更项目。

（3）合同文件中规定应由监理人现场确认的，并已获得监理人批准同意的项目。

2. 计量项目应确属完工或正在施工项目的已完成部分

确实属于完工项目和正在施工项目的已完成部分，监理人才能进行计量和审核确认，计量和审核工作中应注意以下方面：

（1）计量方式、标准应严格按照合同文件的技术标准和要求（合同技术条款）中有关计量与支付的规定进行。

（2）申报的已完工程量，其项目和工程部位应与设计图纸要求相符，其计量成果经校核确属准确无误。

（3）申报完成的总价合同项目，其完成数量应与经过现场检查的施工形象面貌相一致。

（4）附加项目的工程量，应该是经监理人现场认可同意、手续齐备、数量核实无误的项目的工程量。

3. 计量项目的质量应达到合同规定的技术标准

所计量项目的质量合格是工程计量最重要的前提。对于质量不合格的项目，不管承包人以什么理由要求计量，监理人均不予进行计量。例如，对于不合格的项目，承包人以种种理由提出对此暂不要求支付，但希望监理人先予计量。对这种情况，监理人应予以拒绝。

质量检验和计量支付是监理过程中的两个阶段。两个阶段以验收和质量评定为界线。经过监理人检验，工程质量达到合同规定的技术标准后，由监理人签发验收证明文件或质量评定表，监理工作即由质量检验阶段进入了计量支付阶段。在签发验收证明文件或质量评定表以前，不得对任何项目进行计量。

4. 计量项目的申报资料和验收手续应齐全

承包人在通知监理人请求计量时，应说明有关资料已准备齐全。一般在申请中间计量的同时，承包人应将有关资料提交监理人。资料一般应包括以下内容：

（1）监理人批准的开工申请单，并应附有关的施工准备、实施性施工组织设计等材料。

（2）承包人自检的各种符合合同要求的试验材料。

（3）监理人的各种检验材料和签发的验收证明文件或质量评定表。

（4）测量控制基线、桩位布置图，计量申请的计算资料、质量验收自检表、监理抽检记录。

（5）计量申请表中的工程项目编号、项目名称和工程量的计量单位等（应与合同文件中工程量清单上的相一致)。

(6) 承包人申请中间计量的申请表。

对承包人应提交的资料,监理单位应在“监理实施细则”中明确。合同文件中的技术标准和要求中规定了程序、工作内容、质量标准,但对于该项工作完成过程中承包人在每步应提交哪些表格、应做哪些检测,有的工程项目的技术标准和要求(合同技术条款)中规定得不一定很详细,承包人无所遵循。通过监理实施细则,既可以对工程量清单、技术标准和要求(合同技术条款)中的未尽事宜做必要的补充说明,防止出现争议,又可使计量工作规范化、标准化、程序化。

5. 计量结果必须得到监理人和承包人双方确认

承包人提出中间交验申请,并附有相应的试验结果(自检合格、监理抽检合格、全部试验资料、监理签署的质量检验认可单),请求监理人予以计量,监理人应派专人与承包人一起测量和计算工程量,双方确认。监理人欲对工程任何部位进行计量,也应事先通知承包人,承包人则应准备好与该部位有关的一切资料,派合格人员与监理人在现场计量,计量结果由双方确认。

6. 计量方法的一致性

在工程的设计和施工中,对工程量的计算原则和方法一般都有统一规定。计量方法的一致性主要是指,如果在工程量清单中、技术标准和要求中规定采用什么计算方法,在测量实际完成的工程量时必须采用同一方法。所采用的测量和计算原则应在工程量清单序言、总说明或技术标准和要求(合同技术条款)中加以明确。

(五) 工程计量的内容

1. 永久工程的计量(包括中间计量和完工计量)

永久工程的计量采用中间计量方式对承包人进行阶段付款,完工计量则用于完工结算支付。永久工程的计量中,大量的工作是中间计量,其中包括工程变更的计量。对于图纸中有固定几何尺寸的永久工程,计量较为简单,往往是把构造物从基础到上部划分为若干部分,每一部分完成后按约定的比例进行支付,因此计量也具有对该部分工程几何尺寸、形状是否符合设计要求的验收性质。完工计量的总工程量必须按合同规定的方式进行,如合同规定按设计的几何尺寸计量时,总的工程量在没有合同变更的情况下,不应超出工程量清单中按设计几何尺寸已经预先正确计算的工程量,如混凝土构造物所有中间计量结果的总和应符合该构造物混凝土总体积。对于永久工程,虽有几何尺寸要求,但材料本身的性质决定了其体积会有变化,如土方填筑的建筑物,则应考虑沉降因素和安全超填的余量,或由设计中规定,或根据实际沉降观测结果计量;这类计量往往会发生中间计量的总和与规定的总量不符的情况。例如,某土堤考虑到施工沉降后在图纸上设计总压实方量为48万 m^3,中间计量按分层压实检验、计量,总共分12次计量,阶段付款,由于每次计量都有误差,第11次计量时就已经达到总量48万 m^3,而工程尚未结束,这种情况仍应在最后以总量控制。对于虽有几何尺寸要求但实际条件会发生变化的,如基坑开挖及回填量的增加,则只有据实计量,按合同规定的计价方式计算和支付工程量。因此,在合同文件中,应根据不同情况规定相应的计量方法。

2. 承包人为永久工程使用的运进现场材料和工程永久设备的计量

对于承包人为永久工程使用而运进现场的材料，如果合同中规定在该项材料被用于永久工程之前发包人以材料预付款的形式预先支付一定百分比的材料购入款，则监理人除了需要对该项材料检验，确认是否符合用于永久工程标准要求外，还应对进入现场材料的数量随时计量。为了支付的需要，还需要对材料的使用量、进场数量的差值随时计算，以确定材料的实际消耗量，复核承包人的工作质量和所完成的项目的工程质量，防止承包人偷工减料。

3. 对承包人进行额外工作的计量

对于承包人所做的额外工作，如用暂定金额支付的项目以及应付意外事件所完成的工作，出于不同的支付计算需要，有的按完成的工程量计算，有的则要根据计量工程量形成因素，如计日工计量等。

（六）计量方式

1. 由承包人在监理单位的监督下进行计量

计量具体工作完全由承包人进行，但监理单位应对承包人的计量提出具体的要求，包括计量的格式、计量记录及有关资料的规定，以及承包人用于计量的设备精度、计量人员的素质等。计量工作在监理单位的完全监督下进行。承包人计量完成后，需将计量的结果及有关记录和资料报送监理人审核，以监理人审核确认的结果作为支付的凭据。

采用这种计量方式，优点是占用的监理人员较少。但是，由于计量工作全部由承包人进行，监理单位只是通过抽测、监督承包人的测量工作，甚至免测即确认结果，容易使计量失控。因此，采用这种方式的计量，监理单位应加强对中间计量的管理，克服由于中间计量不严格对工程最终支付工程量的不利影响，防止工程费用在中间支付过程中超支或给最终的工程结算带来不利影响。

2. 监理单位与承包人联合计量

由监理单位与承包人分别委派专人组成联合计量小组，共同负责计量工作。当需要对某项工程项目进行计量时，由这个小组商定计量的时间，并做好有关方面的准备，然后到现场共同进行计量，计量后双方签字认可，最后由发包人或监理单位的总监理工程师审批。有些特殊项目，如建筑物的原始地形、水下地形、疏浚工程量的计算等，在合同中也可以约定由发包人代表、设计代表、监理单位、承包人联合进行测量和计算，以确保工程量的计算计量准确。

采用这种计量方式，由于双方在现场共同确认计量结果，与其他计量方式相比，减少了计量与计量结果确认的时间，同时也保证了计量的质量，是目前提倡的计量方式。

（七）计量方法

工程计量的方法一般在技术标准和要求（合同技术条款）及工程量清单说明中规定，实际计量方法必须与合同文件所规定的计量方法相一致，一般情况下有以下几种方法。

1. 现场测量

现场测量就是根据现场实际完成的工程情况，按规定的方法进行丈量、测算，最终确定支付工程量。

在每月的计量工作中，对承包人递交的收方资料，除了进行室内复核工作之外，还应现场进行测量抽查，抽查数量一般控制在递交剖面数量的5%～10%。对工程量和投资影响较大的收方资料，抽查量应适当增加，反之可减少。例如覆盖层开挖计量，除检查施工面貌外，可适当抽查几个部位，并且采取中间计量的方式进行月计量，最终以开挖面貌或设计开挖线形成后的总量控制。要特别注意土石方开挖和土石方填筑工程量的计量规则，是按实际开挖的面貌还是按设计开挖线计量，应依据合同规定确定。

尤其是土石方开挖工程量的计量，要特别注意土方和石方的计量界线。水利水电工程以施工开挖方法和使用的开挖机械划分土方和石方的计量界线。将无须采用爆破技术进行开挖，而可直接使用手工工具或土方机械开挖的料物定义为“土方”，将需要采用系统钻孔和爆破作业开挖的料物定义为“石方”；并规定使用机械开挖的风化岩石以及不大于$0.7m^3$的孤石或岩块均列为“土方”，体积大于$0.7m^3$、需用钻爆方法破碎的孤石或岩块均列为“石方”。由于各个工程的规模及其开挖所用的机械不同，土方和石方的计量界线不同。例如，二滩工程以$1m^3$坚硬孤石为界，三峡工程以$1.5m^3$坚硬孤石为界。对于一般大中型工程施工设备而言，以$0.7m^3$的坚硬孤石为界较好。具体计量时一定要依据合同规定确定计量工程量和支付工程量。

2. 按设计图纸计量

按设计图纸计量是指根据施工图对完成的工程量进行计算，以确定支付的工程计量方法。一般对混凝土、砖石砌体、钢木结构等建筑物或构筑物按设计图纸的轮廓线计算工程量。

3. 仪表测量

仪表测量是指通过使用仪表对所完成的工程量进行计量，如项目使用的风、水、电、油等，以及特殊项目的混凝土灌浆、泥土灌浆等。

4. 按单据计算

按单据计算是指根据工程实际发生的进货或进场材料、设备的发票、收据等，对所完成工程进行的计量。这些材料和设备须符合合同规定或有关规范的要求，且已应用到项目中。

5. 按监理单位批准计量

按监理单位批准计量是指在工程实施中，以监理单位批准确认的工程量直接作为支付工程量，承包人据此进行支付申请工作。这类计量主要是在变更项目中以具体的数量作为计量结果，如隧洞支护的锚杆，基础处理的换填，以及基础的桩基水泥搅拌桩、灌注桩、预应力混凝土桩等。

（八）计量周期

除专用合同条款另有约定外，单价子目已完成工程量按月计量，总价子目的计量周期按批准的支付分解报告确定。

（九）特殊情况下的计量

1. 按工程价值形成过程或因素计量

工程量的测量和计算，一般指工程量表中列明的永久工程实物量的计量。但在费用控制实施过程中，有时需要对工程价值的形成过程或因素进行计量以决定支付，如承包人为应对意外事件所进行的工作，以及按监理单位指令进行的计日工作等。

工程价值形成因素主要有以下方面：

（1）人工消耗工日（工时）数。

（2）机械台时（班）消耗。

（3）材料消耗。

（4）时间消耗。

（5）其他有关消耗。

根据现场实际且符合合同要求的消耗量，据实进行价款的结算。对于这类计量，监理单位一定要做好同期的记录，并且要及时进行认证，形成书面文件资料，做到日清、周结、月汇总，切勿拖延签字认证。监理人对这类计量资料要存档，以备核查。

2. 赔（补）偿计量

费用控制中遇到较多的赔（补）偿计量是对承包人提出的索赔的计量。

赔（补）偿计量主要是价值因素的计量，包括有形资源（人工、机械、材料）损失计量和无形资源（时间、效率、空间）损失计量。其中，有形资源损失较易计量，监理人可根据对专项工作连续监测和记录（如监理人员日志、承包人的同期记录等）来计量；无形的时间、空间损失情况较为复杂，承包人的效率损失则可以用双方同意的“效率降低系数”（意外情况下使正常效率降低的程度）来计量。

赔（补）偿计量中直接损失较易计算，而间接损失则需要协商，就损失项目内容及其数量协商达成一致的计量结果。

发包人认定承包人违约而向承包人索取的赔偿的计量方法类同。

3. 以区分责任为前提的计量

有些情况的计量是先区分责任，然后对非承包人原因造成的损失部分需要进行计量，而对承包人自身原因造成的费用增加不予计量。

总之，特殊情况下的计量，与对永久工程的实物量计量不同，常需要将某些难以量化的因素加以分析、论证，适当反映为某种可量化的计量结果（货币金额、工期日数），通过支付方式给予损失方某种补偿或赔偿。监理人的协调以及合同双方的充分协商是解决此类计量必要的方式。

二、工程计价

在合同实施阶段，工程计价就是依据合同及计价规范对已完成的工作量的价款进行计算，确定已完成计量的项目或子目的单价或总价的过程。

（一）分类分项工程项目计价

分类分项工程工程量清单计价采用工程单价计价，即对合同工程量清单项目一般按支付工程量乘以合同确定的单价进行确定。分类分项工程量清单项目的工程单价一般用式（4-2）计算。

$$工程单价=\frac{\sum(组价项目工程量\times组价项目单位工程量直接费)\times(1+间接费费率)\times(1+利润率)\times(1+税率)}{清单项目工程量} \tag{4-2}$$

式（4-2）中的组价项目，是指完成清单项目过程中消耗资源的工作分项。

一个清单项目可能包括几个定额项目的工作内容，其中每一个定额项目就是一个组价项目。例如，一个河道船舶疏浚清单项目，包括挖泥船挖泥、排泥管安拆移动、开工展布和收工集合4个定额项目的工作，同样，其工程单价也包含上述4个组价项目。将按定额的资源消耗量计算出的4个组价项目的直接费、按定额的工程量计算规则计算出的4个组价项目的施工工程量，以及间接费率、利润率和税率，代入式（4-2），计算式中分子所表示的清单项目的总费用，然后摊销到清单项目的工程量中，得到清单项目的工程单价。这些组价项目的单位都有可能与清单项目的单位不同，如河道船舶疏浚清单项目的单位是"m^3"，而其组价项目中的排泥管拆卸单位是"m"、开工展布和收工集合单位是"次"。组价项目的工程量也可能与清单项目的工程量不同，如挖泥船挖泥工序的组价项目工程量就比河道船舶疏浚清单项目工程量多出了超挖量和施工回淤量。

在分类分项工程计价支付中，监理机构应注意以下几点：

（1）工程价值的确定。对于承包人已完成项目的价值，应根据工程量清单中的单价与监理人依据合同规定的计量原则、方法进行计量的工程数量来确定，即工程量必须是支付工程量。按照施工合同的规定，工程量清单中的单价，除非工程变更使其单价也随之改变，否则，合同工程量清单中的单价是不能改变的。因此，工程款项的支付，一般不允许采用工程量清单中单价以外的任何价格，即单价必须是合同规定的单价，包括工程量清单中的或变更项目的单价。

（2）没有标价的项目不予支付任何款项。根据合同文件的规定，承包人在投标时，对工程量清单中的每项都应提出报价，工程量清单中没有填报单价或合价的项目，将被认为该项目的费用已包括在清单的其他单价或合价中，因此，对工程量清单中没有标价的项目一律不予支付任何款项。

（3）工程单价应根据《水利工程工程量清单计价规范》（GB 50501—2007）规定的工程单价组成内容，按招标设计文件、图纸、规范附录A和附录B中的"主要工作内容"确定。

（4）除另有规定外，对有效工程量以外的超挖、超填工程量，施工附加量，加工、运输损耗量等所消耗的人工、材料和机械费用，均应摊入相应有效工程量的工程单价之内。

（二）措施项目计价

措施项目清单的计价按承包人已标价工程量清单所列总价分解项目的形象进度计价。

（三）零星工作项目（计日工）计价

计日工按合同中约定的综合单价计价。发包人通知承包人以计日工方式实施的零星工作，承包人应予执行。承包人应按合同约定向监理人提交有计日工记录汇总的现场签证。监理人在收到承包人提交的现场签证报告并予以确认后，作为计量、计价和支付的依据。发包人逾期未确认也未提出修改意见的，应视为承包人提交的现场签证报告已被监理人认可。计日工项目支付金额应按照确认的计日工现场签证和合同的计日工单价计算；合同中没有该类计日工单价的，由发承包双方按变更估价原则规定商定计日工单价计算。每个期中支付期末，承包人应按照规定向发包人提交该期间所有计日工记录的签证汇总表，并应说明该期间自己认为有权得到的计日工金额，调整合同价款，列入进度款支付。

采用计日工计价的任何一项变更工作，在该项变更的实施过程中，承包人应按合同约定提交下列报表和有关凭证送交监理人复核：

(1) 工作名称、内容和数量。

(2) 投入该工作所有人员的姓名、工种、级别和耗用工时。

(3) 投入该工作的材料名称、类别和数量。

(4) 投入该工作的施工设备型号、台数和耗用台时。

(5) 发包人要求提交的其他资料和凭证。

(四) 其他项目计价

1. 暂列金额

暂列金额主要用于处理合同变更、计日工、索赔、物价波动调整因素出现时的价格调整等。暂列金额的计价遵循相应用途的项目计价规定。

2. 暂估价

必须招标的专业工程类、设备暂估价项目以招标后的价格进行计价，材料暂估价项目以招标后的价格为工程预算价格（基础单价），调整相应工程单价；非必须招标的项目以采购或购买的价格进行计价。

第四节 工程进度款

工程进度付款是按照工程施工进度分阶段地对承包人支付的一种付款方式。根据合同性质的不同可采取按月结算、分阶段结算、按形象进度结算，或发包人、承包人在合同中约定的其他方式结算支付。

一、支付条件

工程进度款支付应满足以下条件：

(1) 工程项目质量合格。工程质量达到合同规定的标准，工程项目才予以计量，这是工程支付的必备条件。监理人只对质量合格的工程项目予以支付，对于不合格的项目，要求承包人修复、返工，直到达到合同规定标准后，才予以计量支付，且对承包人原因造成的修复返工费用由承包人自己承担。

(2) 支付项目各项手续完善。合同规定支付项目需要专门手续的，在必要的合同手续没有完成前一律不予支付。

(3) 在发包人授权范围内。监理人只能在发包人的授权范围内签发支付手续，超出发包人的授权和合同规定的金额的数目时，应重新得到发包人的授权和批准。

(4) 月支付款应大于合同规定的最低支付限额。为减少支付环节的财务费用，鼓励承包人加快施工进度，在有些工程的施工合同条件中规定，承包人每月（或每次）应得到的支付款额（已扣除了工程质量保证金和其他应扣款后的款额）等于或大于合同规定的阶段证书的最低限额时才予以支付。当月不予支付的金额将按月结转，直到批准的付款金额达到或超过最低支付限额时才予以支付。

二、支付程序

工程进度款支付按以下程序进行。

1. 承包人提交进度付款申请单

承包人应在每个付款周期末，按监理人批准的格式和专用合同条款约定的份数，向监理人提交进度付款申请单，并附相应的支持性证明文件。除专用合同条款另有约定外，进度付款申请单应包括下列内容：

1）截至本次付款周期末已实施工程的价款。

2）按合同约定应增加和扣减的变更金额。

3）按合同约定应增加和扣减的索赔金额。

4）按合同约定应支付的预付款和扣减的返还预付款。

5）按合同约定应扣减的质量保证金。

6）根据合同应增加和扣减的其他金额。

2. 监理人进度付款申请单核查

监理人在收到承包人进度付款申请单以及相应的支持性证明文件后的 14 天内完成核查，提出发包人到期应支付给承包人的金额以及相应的支持性材料，经发包人审查同意后，由监理人向承包人出具经发包人签认的进度付款证书。监理人有权扣除承包人未能按照合同要求履行任何工作或义务的相应金额。

（1）核查内容包括：

1）核查期中进度付款汇总表，对照历史已支付、本期申请支付及当前支付占合同总价的进度比例，判断是否超付和欠付情况。

2）核查承包人进度付款申请单格式和内容是否满足合同要求；各项资料和证明文件手续是否齐全；计量、计价口径和单位是否与已标价“工程量清单”一致，数据是否准确可靠。

3）核查索赔、变更、价格调整、计日工项目手续是否完备，金额的增减对“已标价工程量清单”的影响是否能够一目了然。

4）对预付款、工程质量保证的预付和扣留是否符合合同要求。

（2）核查重点环节包括：

1）计量和计价方面。对进度付款申请单中所开列的各工程的价值，必须以质量检验的结果和计量结果为依据，签认的应该是经监理单位认可的合格工程及其计量数量，计价符合要求。

2）最小支付额方面。一般以扣除工程质量保证金的金额及其他本期应扣款额后的总额大于合同中规定的最小支付金额为依据，小于这个金额的监理单位不开具本期支付证书。

3）质量方面。承包人运进现场的用于永久工程的材料必须是合格的：有材料出厂（场）证明，有工地抽检试验证明，有经监理人员检验认可的证明。不合格材料不但得不到材料预付款支付，不准使用，而且必须尽快运出现场。如果承包人到时不能将不合格的材料运出，监理单位将雇人将其运出，一切费用由该承包人承担。

4）合同外项目方面。把好工程分包、工程变更、索赔和物价波动引起的价格调整，未经监理人事先批准的计日工，不给予承包人支付。

3. 发包人支付进度款

监理单位在审核并修正承包人的支付申请后，计算应付款金额、扣除金额和当期工程进度付款总金额。将当期工程进度付款总金额与合同中约定的支付最低金额比较，若当期工程进度付款总金额小于合同中约定的支付最低金额时，监理单位将不签发付款证书，上述款额将结转下个支付周期，直至累计的工程进度付款总金额大于合同中约定的支付最低金额为止；若当期工程进度付款总金额大于或等于合同中约定的支付最低金额时，监理单位将签发付款证书。发包人应在监理单位收到进度付款申请单后的28天内，将进度应付款支付给承包人。发包人不按期支付的，按专用合同条款的约定支付逾期付款违约金。发包人不按期支付的，承包人可向发包人发出通知，要求发包人纠正违约行为。发包人收到承包人通知后的28天内仍不履行付款义务的，承包人有权暂停施工，并通知监理单位，发包人应承担由此增加的费用和（或）工期延误，并支付承包人合理利润。暂停施工28天，发包人仍不纠正违约行为的，承包人可向发包人发出解除合同通知。

监理人出具进度付款证书，不应视为监理单位已同意、批准或接受了承包人完成的该部分工作。

4. 工程进度付款的修正

在对以往历次已签发的进度付款证书进行汇总和复核中发现错、漏或重复的，监理单位有权予以修正，承包人也有权提出修正申请。经双方复核同意的修正，应在本次进度付款中支付或扣除。

第五节 合同变更

合同变更是施工合同实施过程中由发包人提出，或由承包人提出变更建议但经发包人批准的，对合同工程的工作内容、质量要求、施工条件、施工工艺或其他特征的改变。合同变更是施工实施阶段监理人合同管理的内容之一。本节内容主要依据《水利工程设计变更管理暂行办法》（水规计〔2020〕283号）和《水利水电工程标准施工招标文件》（2009年版）编写。

一、设计变更

设计变更是自初步设计批准之日起至工程竣工验收交付使用之日止，对已批准的初步设计进行的修改活动。根据《水利工程设计变更管理暂行办法》（水规计〔2020〕283号），设计变更分为重大设计变更和一般设计变更。

1. 重大设计变更

重大设计变更是指工程建设过程中，对初步设计批复的有关建设任务和内容进行调整，导致工程任务、规模、工程等级及设计标准发生变化，工程总体布置方案、主要建筑物布置及结构型式、重要机电与金属结构设备、施工组织设计方案等发生重大变化，对工程质量、安全、工期、投资、效益、环境和运行管理等产生重大影响的设计变更。重大设计变更文件，由项目法人按原报审程序报原初步设计审批部门审批。报水利部审批的重大设计变更，应附原初步设计文件报送单位的意见。

2. 一般设计变更

重大设计变更以外的其他设计变更为一般设计变更，包括但不限于：水利枢纽工程中次要建筑物的布置、结构型式、基础处理方案及施工方案变化；堤防和河道治理工程的局部变化；灌区和引调水工程中支渠（线）及以下工程的局部线路调整、局部基础处理方案变化，次要建筑物的布置、结构型式和施工组织设计变化；一般机电设备及金属结构设备型式变化；附属建设内容变化等。一般设计变更文件由项目法人组织有关参建方研究确认后实施变更，并报项目主管部门核备，项目主管部门认为必要时可组织审批。设计变更文件审查批准后，由项目法人负责组织实施。

需要注意的是，对需要进行紧急抢险的设计变更，项目法人可先组织进行紧急抢险处理，同时通报项目主管部门，并按照设计变更管理办法办理设计变更审批手续，并附相关的资料说明紧急抢险的情形。若工程在施工过程中不能停工，或不继续施工会造成安全事故或重大质量事故的，经项目法人、勘察设计单位、监理单位同意并签字认可后即可施工，但项目法人应将情况在5个工作日内报告项目主管部门备案，同时按照设计变更管理办法办理设计变更审批手续。

二、合同变更

（一）合同变更情形

除专用合同条款另有约定外，在履行施工合同中发生以下情形之一，应进行合同变更：

（1）取消合同中任何一项工作，但被取消的工作不能转由发包人或其他人实施。

（2）改变合同中任何一项工作的质量或其他特性。

（3）改变合同工程的基线、标高、位置或尺寸。

（4）改变合同中任何一项工作的施工时间或改变已批准的施工工艺或顺序。

（5）为完成工程需要追加的额外工作。

（6）增加或减少合同中关键项目的工程量超过其工程总量的一定数量百分比。

上述变更情形（第6项除外）发生时，监理人应发出变更指示。变更指示应说明变更的目的、范围、变更内容，以及变更的工程量及其进度和技术要求，并附有关图纸和文件。承包人收到变更指示后，应按变更指示进行变更工作。

（二）合同变更处理程序

合同变更来源不同，处理程序不同。

1. 监理人直接指示的合同变更

监理人直接指示的合同变更属于必需的变更，如按照发包人的要求提高质量标准、设计错误需要进行的设计修改、协调施工中的交叉干扰等情况。此时不需征求承包人意见，监理人经过发包人同意后发出变更指示，要求承包人完成合同变更工作。

2. 与承包人协商后确定的合同变更

此类情况属于可能发生的变更，监理人与承包人协商后再确定是否实施变更，如增加承包范围外的某项新工作等。合同变更程序如下：

(1) 监理人首先向承包人发出变更意向书，说明变更的具体内容和发包人对变更的时间要求等，并附必要的图纸和相关资料。变更意向书应要求承包人提交包括拟实施变更工作的计划、措施和完工时间等内容的实施方案。

(2) 承包人收到监理人的变更意向书后，如果同意实施变更，则向监理人提出变更实施方案。变更实施方案的内容包括提交拟实施变更工作的计划、措施、完工时间以及费用要求。若承包人收到监理人的变更意向书后认为难以实施此项变更，也应立即通知监理人，说明原因并附详细依据，如不具备实施变更项目的施工资质、无相应的施工机具等原因或其他理由。

(3) 监理人审查承包人的实施方案，若承包人根据变更意向书要求提交的变更实施方案可行并经发包人同意后，监理人发出变更指示；如果承包人不同意变更，监理人与承包人和发包人协商后确定撤销、改变或不改变原变更意向书。

3. 承包人提出的合理化建议转化的合同变更

承包人对发包人提供的图纸、技术标准和要求等，提出了存在变更情形、修正图纸错误、可能降低合同价格、缩短工期或提高工程经济效益的合理化建议，应以书面形式提交监理人。合理化建议书的内容应包括建议工作的详细说明、进度计划和效益以及与其他工作的协调等，并附必要的设计文件。

监理人与发包人协商是否采纳承包人提出的建议。建议被采纳并构成合同变更的，监理人向承包人发出变更指示。承包人提出的合理化建议使发包人获得工程造价降低、工期缩短、工程运行效益提高等实际利益，可按专用合同条款中的约定给予奖励。

(三) 合同变更价款确定

1. 变更估价原则

无论何种原因引起的合同变更，都可能导致工程费用和施工进度的变化。监理人一旦签发了变更指示，就意味着对工程设计和原项目合同内容进行变更。如果这种变更是由承包人自身原因引起的，则合同变更引起的工程费用变化，应由承包人负责；如合同变更是由发包人或监理人提出的，或其他原因造成了工程费用变化或承包人的损失，则应由发包人承担，延误的工期应相应顺延。

除专用合同条款对期限另有约定外，承包人应在收到变更指示或变更意向书后的14天内，向监理人提交变更报价书，报价内容应根据约定的估价原则，详细开列变更工作的价格组成及其依据，并附必要的施工方法说明和有关图纸。

除专用合同条款对期限另有约定外，监理人收到承包人变更报价书后的14天内，根据下述估价原则商定或确定变更价格：

(1) 已标价“工程量清单”中有适用于变更工作的子目的，采用该子目的单价。

（2）已标价“工程量清单”中无适用于变更工作的子目，但有类似子目的，可在合理范围内参照类似子目的单价，由监理人按合同相关条款商定或确定变更工作的单价。

（3）已标价“工程量清单”中无适用或类似子目的单价，可按照成本加利润的原则，由监理人商定或确定变更工作的单价。

2. 几种常见合同变更的价款确定

（1）附加工程。所谓附加工程，是指建成合同项目所必不可少的工程。缺少了这些工程，该合同项目便不能发挥合同预期的作用。因此，只要新增工程是该工程项目必需的工程，无论工程量清单是否列出该项工程，都属于附加工程，只要监理人发出变更指令，承包人均应遵照执行。对附加工程，其价款确定原则和本节前述介绍的估价原则是一致的。

（2）额外工程。所谓额外工程，是指施工合同文件中“工程范围”未包括的工作。缺少这些额外工程，原合同的工程项目仍然可以运行，并发挥效益，所以额外工程是一个“新增的工程项目”，而不是原合同项目附加的“工程项目”。因此，对于未达到招标条件的额外工程，一般通过签订补充协议，重新议定合同价。

（3）措施项目发生变化。合同变更引起施工方案改变并使措施项目发生变化时，承包人提出调整措施项目费的，应事先将拟实施的方案提交监理人确认，并应详细说明与原方案相比的变化情况。拟实施的方案经发承包双方确认后执行。

（4）项目主要特征不符。发包人在招标文件中对项目主要特征的描述，应是准确和全面的，并且与实际施工条件和要求相符合。承包人应按照发包人提供的招标文件，根据项目主要特征描述的内容和有关要求实施合同工程，直至项目被改变为止。承包人应按照发包人提供的设计文件实施合同工程，若在合同履行期间出现设计文件与招标文件中项目主要特征的描述不符，且该变化引起该项目工程造价增减变化的，应按照实际施工的项目主要特征，按变更估价原则规定重新确定相应工程量清单的综合单价，并调整合同价款。

（5）工程量偏差。施工过程中，由于施工条件、地质水文、工程变更等变化以及招标工程量清单编制人专业水平的差异，往往会造成实际工程量与招标工程量清单出现偏差。工程量偏差过大，对综合成本的分摊带来影响：如工程量突然增加太多，仍按原综合单价计价，对发包人不公平；如工程量突然减少太多，仍按原综合单价计价，对承包人不公平，给有经验的承包人的不平衡报价打开了大门。因此，为维护合同的公平，发承包双方应在合同中约定工程量偏差幅度，如果工程量偏差和工程变更等原因导致工程量偏差超过合同约定幅度，调整的原则为：当工程量增加超过合同约定幅度以上时，其增加部分的工程量的综合单价宜予调低；当工程量减少超过合同约定幅度以上时，减少后剩余部分的工程量的综合单价宜予调高。可按下列公式调整：

1）当 $Q_1>(1+A)Q_0$ 时：

$$S=(1+A)Q_0\times P_0+[Q_1-(1+A)Q_0]\times P_1 \tag{4-3}$$

2）当 $Q_1<(1-A)Q_0$ 时：

$$S=Q_1\times P_1 \tag{4-4}$$

式中 S——调整后的某一分部分项工程费结算价；

Q_1——最终完成的工程量；

Q_0——招标工程量清单中列出的工程量；

A——合同约定的工程量偏差幅度；

P_1——按照最终完成工程量重新调整后的综合单价；

P_0——承包人在工程量清单中填报的综合单价。

第六节 索 赔

索赔是在施工合同履行中，当事人一方由于另一方未履行合同所规定的义务或者出现了应当由对方承担的风险而遭受损失时，向另一方提出赔偿要求的行为。索赔是施工阶段投资控制的一项重要工作。本节内容主要依据《水利水电工程标准施工招标文件》（2009年版）及《中华人民共和国民法典》相关规定编写。

一、索赔产生

（一）产生索赔的原因

1. 违约

在工程实施过程中，发包人或承包人没有尽到合同义务，将可能导致索赔事件发生。《中华人民共和国民法典》相关条款对此作出了规定：

第七百九十八条，隐蔽工程在隐蔽以前，承包人应当通知发包人检查。发包人没有及时检查的，承包人可以顺延工程日期，并有权请求赔偿停工、窝工等损失。

第八百零一条，因施工人的原因致使建设工程质量不符合约定的，发包人有权请求施工人在合理使用期限内无偿修理或者返工、改建。经过修理或者返工改建后，造成逾期交付的，施工人应当承担违约责任。

第八百零二条，因承包人的原因致使建设工程在合理使用期限内造成人身损害和财产损失的，承包人应当承担赔偿责任。

第八百零三条，发包人未按照约定的时间和要求提供原材料、设备、场地、资金、技术资料的，承包人可以顺延工程日期，并有权请求赔偿停工、窝工等损失。

第八百零四条，因发包人的原因致使工程中途停建、缓建的，发包人应当采取措施弥补或者减少损失，赔偿承包人因此造成的停工、窝工、倒运、机械设备调迁、材料和构件积压等损失和实际费用。

2. 出现不利物质条件

除专用合同条款另有约定外，不利物质条件是指承包人在施工场地遇到的不可预见的自然物质条件、非自然的物质障碍和污染物，包括地下和水文条件，但不包括异常恶劣气候条件。

承包人遇到不利物质条件时，应采取适应不利物质条件的合理措施继续施工，并及时通知监理人。监理人应当及时发出指示，指示构成变更的，按工程变更约定办理。监理人没有发出指示的，承包人因采取合理措施而增加的费用和（或）工期延误，由发包人承担。发生不利物质条件构成索赔时，承包人有权根据索赔约定，要求延长工期及增加费用。监理人收到此类要求后，应在分析上述外界障碍或自然条件是否不可预见及不可预见程度的基础上，按照索赔的约定办理。

3. 出现异常恶劣的气候

界定异常恶劣气候条件的范围在专用合同条款中约定，如：

（1）日降雨量大于________mm 的雨日超过________天。

（2）风速大于________m/s 的________级以上台风灾害。

（3）日气温超过________℃的高温大于________天。

（4）日气温低于________℃的严寒大于________天。

（5）造成工程损坏的冰雹和大雪灾害：________。（按冰雪灾害造成施工工程损坏的具体情况划定）

（6）其他异常恶劣气候灾害。指未包括在上述 5 项范围内的异常恶劣气候，如雷击等。

当工程所在地发生危及施工或人员安全的异常恶劣气候时，发包人和承包人应按合同的约定，及时采取暂停施工或部分暂停施工措施。异常恶劣气候条件解除后，承包人应及时安排复工。异常恶劣气候条件造成的工期延误和工程损坏，应由发包人与承包人参照合同约定协商处理。

（二）索赔分类

1. 按索赔目的分类

索赔可分为工期索赔和费用索赔。

（1）工期索赔。由于非承包人的原因导致施工进度拖延，要求批准延长合同工期的索赔，称为工期索赔。工期索赔形式上是对权利的要求，以避免在原定合同竣工日不能完工时，被建设单位追究拖期违约责任。一旦获得批准合同工期延长后，承包人不仅可免除承担拖期违约赔偿费的严重风险，而且可因提前交工获得奖励，最终仍反映在经济收益上。

（2）费用索赔。当施工的客观条件改变导致承包人增加开支时，要求对超出计划成本的附加开支给予补偿，以挽回不应由其承担的经济损失。

2. 按索赔事件性质分类

索赔可分为工程延期索赔、工程变更衍生索赔、合同被迫终止索赔、工程加速索赔、意外风险和不可预见因素索赔。

（1）工程延期索赔。因发包人未按合同要求提供施工条件，如未及时交付设计图纸、施工现场、道路等，或因建设单位指令工程暂停或不可抗力事件等原因造成工期拖延的，承包人对此提出索赔。这是工程实施中常见的一类索赔。

（2）工程变更衍生索赔。由于发包人或监理人指令增加或减少工程量，或增加附加工程、修改设计、变更工程顺序等，造成工期延长和费用增加，且争议处理未能取得一致的，承包人对此提出索赔。

（3）合同被迫终止索赔。由于发包人违约及不可抗力事件等原因造成合同非正常终止，承包人因其蒙受经济损失而向建设单位提出索赔。

（4）工程加速索赔。由于发包人或监理人指令承包人加快施工速度，缩短工期，引起承包人人、财、物的额外开支而提出的索赔。

（5）意外风险和不可预见因素索赔。在工程实施过程中，因人力不可抗拒的自然灾害、特殊风险以及一个有经验的承包人通常不能合理预见的不利施工条件或外界障碍，如地下水、地质断层、溶洞、地下障碍物等引起的索赔。

3. 按索赔的提出者分类

索赔分为承包人索赔和发包人索赔。

二、承包人索赔

1. 索赔发生原因

在履行合同过程中发生下列情形之一的，属发包人违约，将引发承包人索赔：

（1）发包人未能按合同约定支付预付款或合同价款，或拖延、拒绝批准付款申请和支付凭证，导致付款延误的。

（2）发包人原因造成停工的。

（3）监理人无正当理由没有在约定期限内发出复工指示，导致承包人无法复工的。

（4）发包人无法继续履行或明确表示不履行或实质上已停止履行合同的。

（5）发包人不履行合同约定的其他义务的。

其中，发包人发生除第 4 项以外的违约情况时，承包人可向发包人发出通知，要求发包人采取有效措施纠正违约行为。发包人收到承包人通知后的 28 天内仍不履行合同义务的，承包人有权暂停施工，并通知监理人，发包人应承担由此增加的费用和（或）工期延误，并支付承包人合理利润。

2. 费用索赔

无论对承包人还是监理人（发包人），根据合同和有关法律规定，事先列出一个将来可能索赔的损失项目的清单，是索赔中的通常做法。以下列举了常见的损失项目（并非全部）可供参考。

（1）人工费。人工费一般包括以下项目：①额外劳动力雇佣；②劳动效率降低；③人员闲置；④加班工作；⑤人员人身保险和各种社会保险支出。

（2）材料费。材料费一般包括以下项目：①额外材料使用；②材料破损估价；③材料涨价；④材料保管、运输费用。

（3）设备费。设备费一般包括以下项目：①额外设备使用；②设备使用时间延长；③设备闲置；④设备折旧和修理费分摊；⑤设备租赁实际费用增加；⑥设备保险增加。

（4）低值易耗品。低值易耗品一般包括以下项目：①额外低值易耗品使用；②小型工具使用；③仓库保管成本。

（5）现场管理费。现场管理费一般包括以下项目：①工期延长期的现场管理费；②办公设施；③办公用品；④临时供热、供水及照明；⑤人员保险；⑥额外管理人员雇佣；⑦管理人员工作时间延长；⑧工资和有关福利待遇的提高。

（6）总部管理费。总部管理费一般包括以下几项：①合同期间的总部管理费超支；②延长期的总部管理费。

（7）融资成本。融资成本一般包括以下几项：①贷款利息；②自有资金利息；③额外担保费用；④利润损失。

3. 不允许索赔的费用

一般情况下，下列费用不允许索赔：

（1）承包人的索赔准备费用。

（2）工程保险费用。

（3）因合同变更或索赔事项引起的工程计划调整、分包合同修改等费用。这类费用是包括在现场管理费补偿中的，不允许单独索赔。

（4）因承包人的不适当行为而扩大的损失。

（5）索赔金额在索赔处理期间的利息。

4. 索赔程序

索赔按下列程序进行：

（1）承包人应在知道或应当知道索赔事件发生后28天内，向监理人递交索赔意向通知书，并说明发生索赔事件的事由。承包人未在前述28天内发出索赔意向通知书的，丧失要求追加付款和（或）延长工期的权利。

（2）承包人应在发出索赔意向通知书后28天内，向监理人正式递交索赔通知书。索赔通知书应详细说明索赔理由以及要求追加的付款金额和（或）延长的工期，并附必要的记录和证明材料。索赔事件具有连续影响的，承包人应按合理时间间隔继续递交延续索赔通知，说明连续影响的实际情况和记录，列出累计的追加付款金额和（或）工期延长天数。

（3）在索赔事件影响结束后的28天内，承包人应向监理人递交最终索赔通知书，说明最终要求索赔的追加付款金额和延长的工期，并附必要的记录和证明材料。

（4）监理人收到承包人提交的索赔通知书后，应及时审查索赔通知书的内容、查验承包人的记录和证明材料，必要时监理人可要求承包人提交全部原始记录副本。

（5）监理人应按合同规定商定或确定追加的付款和（或）延长的工期，并在收到上述索赔通知书或有关索赔的进一步证明材料后的42天内，将索赔处理结果答复承包人。

承包人接受索赔处理结果的，发包人应在作出索赔处理结果答复后28天内完成赔付。承包人不接受索赔处理结果的，按合同争议解决的约定办理。

5. 索赔期限

承包人按合同约定接受了完工付款证书后，应被认为已无权再提出在合同工程完工证书颁发前所发生的任何索赔。承包人按合同约定提交的最终结清申请单中，只限于提出合同工程完工证书颁发后发生的索赔。提出索赔的期限于接受最终结清证书时终止。

三、发包人索赔

承包人违约将导致发包人索赔。在履行合同过程中发生的下列情况属承包人违约：

（1）承包人私自将合同的全部或部分权利转让给其他人，或私自将合同的全部或部分义务转移给其他人。

（2）承包人未经监理人批准，私自将已按合同约定进入施工场地的施工设备、临时设施或材料撤离施工场地。

（3）承包人使用了不合格材料或工程设备，工程质量达不到标准要求，又拒绝清除不合格工程。

（4）承包人未能按合同进度计划及时完成合同约定的工作，已造成或预期造成工期延误。

（5）承包人在缺陷责任期（工程质量保修期）内，未能对合同工程完工验收鉴定书所列的缺陷清单的内容或缺陷责任期（工程质量保修期）内发生的缺陷进行修复，而又拒绝按监理人指示再进行修补。

（6）承包人无法继续履行或明确表示不履行或实质上已停止履行合同。

（7）承包人不按合同约定履行义务的其他情况。

第七节 物价波动引起的价格调整

物价波动超过合同约定的一定幅度时，一般需要对价格进行调整。常用的价格调整方法包括按价格指数调差和按造价信息调差。监理人可根据合同约定的价格调整方法对合同进行价格调整，并将价格调整金额列入进度款中。本节内容主要依据《水利水电工程标准施工招标文件》（2009年版）价格调整条款编写。

一、按价格指数调差

采用价格指数法（公式法）计算价差，是物价波动引起的价格调整办法之一。采用价格指数法（公式法）主要是根据完成工程施工所需的人工、材料和机械台时等因子的估计耗用量，在招投标时事先约定各可调因子的变值权重和不可调因子的定值权重，以公平分担价格风险的原则，计算得出支付项目的价格波动价差。其优点是可在进度付款中减少由于调价不及时引起的合同争议。

施工合同一般规定，因人工、材料和设备等价格波动影响合同价格时，根据投标函附录中的价格指数和权重表约定的数据，按以下公式计算差额并调整合同价格。

（一）价格调整公式

价格调整公式为

$$\Delta P=P_0\left[A+\left(B_1\times\frac{F_{t1}}{F_{01}}+B_2\times\frac{F_{t2}}{F_{02}}+B_3\times\frac{F_{t3}}{F_{03}}+\cdots+B_n\times\frac{F_{tn}}{F_{0n}}\right)-1\right] \tag{4-5}$$

式中 ΔP——需调整的价格差额；

P_0——进度付款、完工结算和最终结清约定的付款证书中承包人应得到的已完成工程量的金额，此项金额应不包括价格调整、不计质量保证金的扣留和支付、预付款的支付和扣回，工程变更及其他金额已按现行价格计价的也不计在内；

A——定值权重（即不调部分的权重）；

B_1，B_2，B_3，…，B_n——各可调因子的变值权重（即可调部分的权重），为各可调因子在投标函投标总报价中所占的比例；

F_{t1}，F_{t2}，F_{t3}，…，F_{tn}——各可调因子的现行价格指数，指进度付款、完工结算和最终结清约定的付款证书相关周期最后一天的前42天的各可调因子的价格指数；

F_{01}，F_{02}，F_{03}，…，F_{0n}——各可调因子的基本价格指数，指基准日期的各可调因子的价格指数，基准日期指投标截止日期前28天。

（二）注意事项

1. 暂时确定调整差额

在计算调整差额时得不到现行价格指数的，可暂用上一次价格指数计算，并在以后的付款中再按实际价格指数进行调整。

2. 权重的调整

按约定的工程变更导致原定合同中的权重不合理时，由监理人与承包人和发包人协商后进行调整。

3. 承包人工期延误后的价格调整

由于承包人原因未在约定的工期内完工的，对原约定完工日期后继续施工的工程，在使用价格调整公式时，应采用原约定完工日期与实际完工日期的两个价格指数中较低的一个作为现行价格指数。

4. 基础数据来源

价格调整公式中的各可调因子、定值和变值权重，以及基本价格指数及其来源在投标函附录价格指数和权重表中约定。价格指数应首先采用有关部门提供的价格指数，缺乏上述价格指数时，可采用有关部门提供的价格代替。价格指数权重表见表4-1。

表4-1　价格指数权重表

名称		基本价格指数		权重			价格指数来源
		代号	指数值	代号	允许范围	投标人建议值	
定值部分				A			
变值部分	人工费	F_{01}		B_1	___至___		
	钢材	F_{02}		B_2	___至___		
	水泥	F_{03}		B_3	___至___		
	…	…		…	…		
合计						1.00	

（三）基本程序

（1）确定计算物价指数的品种。一般来说，品种不宜太多，只确立那些对项目投资影响较大的因素，如设备、水泥、钢材、木材和人工等。

（2）明确是否设立价格调整机制的启动条件。可调因子很多，每个因子的价格变化不一，幅度不同。为方便调差，有的合同设立价格调整机制启动条件，此时合同应当约定：①基准可调因子名称；②价格允许调整的变化幅度；③采集价格信息的渠道。

也有的合同规定，不单设价格调整机制的启动条件，仅以价格调整公式及价格指数权重表为准，计算各结算期应调差额，按调差额所占原结算额的比例，考虑风险分担原则，分摊相应调差风险。如有的合同规定，在应调金额不超过合同原始价5%时，由承包人自己承担；在应调金额为合同原始价的5%～20%时，承包人负担应调金额10%，发包人负担应调金额90%；在应调金额超过合同原始价的20%时，必须另签附加条款。

（3）确定每个可调品种的系数和固定系数。可调品种的系数要根据该品种价格对总造价的影响程度而定。各品种系数之和加上固定系数必须等于1。

（4）采集价格指数信息和各结算期合同价款。

（5）按价格调整公式计算各结算期调差额。

（6）根据风险分担原则，确定最终应支付给承包人的调差额。

二、按造价信息调差

施工期内，因人工、材料、设备和机械台时价格波动影响合同价格时，人工、机械使用费按照国家或省（自治区、直辖市）建设行政管理部门、行业建设管理部门或其授权的工程造价管理机构发布的人工成本信息、机械台时单价或机械使用费系数进行调整；需要进行价格调整的材料，其单价和采购数量应由监理人复核，将监理人确认需调整的材料单价及数量，作为调整工程合同价格差额的依据。

价格调整启动条件、工程造价信息的来源、价格调整的项目和系数在专用合同条款中约定。

（一）人工费的调整

当省级及以上行政主管部门发布的人工费调整时，发承包双方应按省级或行业建设主管部门或其授权的工程造价管理机构发布的人工成本文件调整合同价款。但承包人对人工费人工单价的报价高于发布的除外。

（二）材料、设备费的调整

材料、工程设备价格变化按照发包人提供的调差材料和工程设备表，由发承包双方约定的风险范围按下列规定调整合同价款。调表材料和工程设备表见表4-2。

表4-2　调差材料和工程设备表

工程名称：　　　　　　　　　　　　标段：

第　页、共　页

序号	名称、规格、型号	单位	数量	风险系数/%	基准单价/元	投标单价/元	备注

续表

序号	名称、规格、型号	单位	数量	风险系数/%	基准单价/元	投标单价/元	备注

注 1. 此表由招标人填写“基准单价”栏的内容，投标人在投标时自主确定投标单价。
2. 招标人宜优先采用工程造价管理机构发布的单价作为基准单价；工程造价管理机构未发布单价的，通过市场调查确定其基准单价。

（1）承包人投标报价中材料单价低于发包人给出的基准单价：施工期间材料单价涨幅以基准单价为基础超过合同约定的风险幅度值，或材料单价跌幅以投标报价为基础超过合同约定的风险幅度值时，其超过部分按实调整。

（2）承包人投标报价中材料单价高于发包人给出的基准单价：施工期间材料单价跌幅以基准单价为基础超过合同约定的风险幅度值，或材料单价涨幅以投标报价为基础超过合同约定的风险幅度值时，其超过部分按实调整。

（3）承包人投标报价中材料单价等于基准单价：施工期间材料单价涨、跌幅以基准单价为基础超过合同约定的风险幅度值时，其超过部分按实调整。

（4）用以价格调整的材料单价以合同约定的造价信息为准。

（5）用以价格调整的材料数量，应被监理人确认为用于该合同工程，或采用根据该材料投标单耗计算的该材料耗量。

（三）施工机械台时单价或施工机械使用费

施工机械台时单价或施工机械使用费发生变化超过省级或行业建设主管部门或其授权的工程造价管理机构规定的范围时，应按其规定调整合同价款。合同另有约定的，从其约定。

第八节　完工结算与最终结清

完工结算是承包人完成施工合同约定的全部工程内容，发包人依法组织合同项目完工验收前，由发承包双方按照合同约定的条款，进行计量与计价、处理变更、索赔、物价波动等事项确定的最终合同价的过程。在工程质量保修期（缺陷责任期）终止后，并且发包人或监理人颁发了工程质量保修责任终止证书后，施工合同双方可进行工程的最终结算。本节内容主要依据《水利水电工程标准施工招标文件》（2009 年版）相关条款、《中华人民共和国民法典》及《保障农民工工资支付条例》（国务院令第 724 号）相关规定编写。

一、完工结算

完工结算是合同工程完工验收的一个前置条件。合同工程完工验收合格后，监理人按程序审核完工付款申请，发包人完成完工支付。

1. 完工结算的内容

完工结算包括下列内容：

（1）完工结算合同总价。

（2）变更引起的工程价款调整。

（3）索赔引起的工程价款调整。

（4）物价波动引起的工程价款调整。

（5）发包人已支付承包人的工程价款。

（6）发包人应支付的完工付款金额。

（7）发包人应扣留的质量保证金。

（8）其他金额。

2. 完工结算的要求

（1）分类分项工程中的单价项目应依据发承包双方确认的工程量与已标价工程量清单的综合单价计算；发生工程变更调整的，应以发承包双方确认调整的综合单价计算。

（2）措施项目中的总价项目应依据已标价工程量清单的项目和金额计算；发生调整的，应以发承包双方确认调整的金额计算（其中安全生产措施费应按规定计算，进退场费、总承包服务费应依据已标价工程量清单金额计算）。

（3）计日工应按发包人实际确认的事项计算。

（4）索赔费用应依据发承包双方确认的索赔事项和金额计算。

（5）物价波动引起的费用应依据发承包双方确认调差的金额计算。

（6）暂列金额应减去合同价款调整金额（包括变更、计日工、索赔、物价波动引起的费用）计算，如有余额归发包人。

（7）暂估价中的材料是招标采购的，其单价按中标价在综合单价中调整；暂估价中的材料为非招标采购的，其单价按发承包双方最终确认的单价在综合单价中调整。暂估价中的专业工程和设备是招标采购的，其金额按中标价计算；暂估价中的专业工程和设备非招标采购的，其金额按发承包双方与分包人最终确认的金额计算。

（8）税金应按增值税规定计算。

（9）发承包双方在合同工程实施过程中已经确认的工程计量结果和合同价款，在完工结算办理中应直接进入完工结算。

3. 完工支付程序

完工支付按下列程序进行：

（1）承包人应在合同工程完工证书颁发后 28 天内，按监理人批准的格式提交竣工付款申请单。提交完工付款申请单的份数在专用合同条款中约定，并提供相关证明材料。除专用合同条款另有约定外，完工付款申请单应包括完工结算合同总价（含价款调整金额）、发包人已支付承包人的工程价款、应扣留的质量保证金、应支付的完工付款金额。

（2）监理人对完工付款申请单有异议的，有权要求承包人进行修正和提供补充资料。经监理人和承包人协商后，由承包人向监理人提交修正后的完工付款申请单。

（3）监理人在收到承包人提交的完工付款申请单后的 14 天内完成核查，提出发包人到期应支付给承包人的价款送发包人审核并抄送承包人。发包人应在收到后 14 天内审核完毕，由监理人向承包人出具经发包人签认的完工付款证书。监理人未在约定时间内核查又未提出具体意见的，视为承包人提交的完工付款申请单已经监理人核查同意；发包人未在约定时间内审核又未提出具体意见的，监理人提出发包人到期应支付给承包人的价款视为已经发包人同意。

（4）发包人应在监理人出具完工付款证书后的 14 天内，将应支付款支付给承包人。发包人不按期支付的，按约定将逾期付款违约金支付给承包人。

（5）承包人对发包人签认的完工付款证书有异议的，发包人可出具完工付款申请单中承包人已同意部分的临时付款证书。存在争议的部分，按约定办理。

（6）完工付款涉及政府投资资金的，按约定办理。

（7）承包人按约定接受了完工付款证书后，应被认为已无权再提出在合同工程完工证书颁发前所发生的任何索赔。

4. 农民工工资支付

《保障农民工工资支付条例》（国务院令第 724 号）已经 2019 年 12 月 4 日国务院第 73 次常务会议通过，自 2020 年 5 月 1 日起施行。完工支付应特别注意农民工工资支付相关要求。

（1）支付周期。农民工工资应当以货币形式，通过银行转账或者现金支付给农民工本人，不得以实物或者有价证券等其他形式替代。用人单位应当按照与农民工书面约定或者依法制定的规章制度规定的工资支付周期和具体支付日期足额支付工资。一般情况下，实行月、周、日、小时工资制的，按照月、周、日、小时为周期支付工资；实行计件工资制的，工资支付周期由双方依法约定。用人单位与农民工书面约定或者依法制定的规章制度规定的具体支付日期，可以在农民工提供劳动的当期或者次期。具体支付日期遇法定节假日或者休息日的，应当在法定节假日或者休息日前支付。用人单位因不可抗力未能在支付日期支付工资的，应当在不可抗力消除后及时支付。

（2）支付台账。用人单位应当按照工资支付周期编制书面工资支付台账，并至少保存 3 年。书面工资支付台账应当包括用人单位名称，支付周期，支付日期，支付对象姓名、身份证号码、联系方式，工作时间，应发工资项目及数额，代扣、代缴、扣除项目和数额，实发工资数额，银行代发工资凭证或者农民工签字等内容。用人单位向农民工支付工资时，应当提供农民工本人的工资清单。

（3）工程建设领域特别规定。建设单位与施工总承包单位依法订立书面工程施工合同，应当约定工程款计量周期、工程款进度结算办法以及人工费用拨付周期，并按照保障农民工工资按时足额支付的要求约定人工费用。人工费用拨付周期不得超过 1 个月。

（4）农民工工资专用账户。施工总承包单位应当按照有关规定开设农民工工资专用账户，专项用于支付该工程建设项目农民工工资。开设、使用农民工工资专用账户有关资料应当由施工总承包单位妥善保存备查。金融机构应当优化农民工工资专用账户开设服务流程，做好农民工工资专用账户的日常管理工作；发现资金未按约定拨付等情况的，及时通知施工总承包单位，由施工总承包单位报告人力资源社会保障行政部门和相关行业工程建设主管部门，并纳入欠薪预警系统。工程完工且未拖欠农民工工资的，施工总承包单位公示 30 天后，可以申请注销农民工工资专用账户，账户内余额归施工总承包单位所有。

（5）农民工实名制。施工总承包单位或者分包单位应当依法与所招用的农民工订立劳动合同并进行用工实名登记，具备条件的行业应当通过相应的管理服务信息平台进行用工实名登记、管理。未与施工总承包单位或者分包单位订立劳动合同并进行用工实名登记的人员，不得进入项目现场施工。

（6）分包单位的农民工工资支付。施工总承包单位应当在工程项目部配备劳资专管员，对分包单位劳动用工实施监督管理，掌握施工现场用工、考勤、工资支付等情况，审核分包单位编制的农民工工资支付表，分包单位应当予以配合。施工总承包单位、分包单位应当建立用工管理台账，并保存至工程完工且工资全部结清后至少 3 年。

（7）农民工工资代发制度。工程建设领域推行分包单位农民工工资委托施工总承包单位代发制度。分包单位应当按月考核农民工工作量并编制工资支付表，经农民工本人签字确认后，与当月工程进度等情况一并交施工总承包单位。施工总承包单位根据分包单位编制的工资支付表，通过农民工工资专用账户直接将工资支付到农民工本人的银行账户，并向分包单位提供代发工资凭证。用于支付农民工工资的银行账户所绑定的农民工本人社会保障卡或者银行卡，用人单位或者其他人员不得以任何理由扣押或者变相扣押。

（8）工资保证金。施工总承包单位应当按照有关规定存储工资保证金，专项用于支付为所承包工程提供劳动的农民工被拖欠的工资。工资保证金实行差异化存储办法，对一定时期内未发生工资拖欠的单位实行减免措施，对发生工资拖欠的单位适当提高存储比例。工资保证金可以用金融机构保函替代。除法律另有规定外，农民工工资专用账户资金和工资保证金不得因支付为本项目提供劳动的农民工工资之外的原因被查封、冻结或者划拨。

二、最终结清

（一）缺陷责任期（工程质量保修期）

1. 起算时间

缺陷责任期（工程质量保修期）从工程通过合同工程完工验收后开始计算。除专用合同条款另有约定外，在合同工程完工验收前，已经发包人提前验收的单位工程或部分工程，若未投入使用，其缺陷责任期（工程质量保修期）亦从工程通过合同工程完工验收后开始计算；若已投入使用，其缺陷责任期（工程质量保修期）从通过单位工程或部分工程投入使用验收后计算。由于承包人原因导致工程无法按规定期限进行合同工程完工验收的，缺陷责任期（工程质量保修期）从实际通过合同工程完工验收之日起计。由于发包人原因导致工程无法按规定期限进行合同工程完工验收的，在承包人提交合同工程完工验收报告 90 天后，工程自动进入缺陷责任期（工程质量保修期）。

2. 缺陷责任期终止证书

合同工程验收或投入使用验收后，发包人与承包人应办理工程交接手续，承包人应向发包人递交工程质量保修书。

缺陷责任期（工程质量保修期）满后 30 个工作日内，发包人应向承包人颁发工程质量保修责任终止证书，并退还剩余质量保证金，但保修责任范围内的质量缺陷未处理完成的应除外。

水利工程缺陷责任期（工程质量保修期）一般为1年，最长不超过2年，河湖疏浚工程无缺陷责任期（工程质量保修期）。缺陷责任期（工程质量保修期）由发、承包双方在合同中约定。

（二）质量保证金

质量保证金是指发包人与承包人在建设工程承包合同中约定，从应付的工程款中预留，用以保证承包人在缺陷责任期（工程质量保修期）内对水利工程出现的缺陷进行维修的资金。

1. 合同约定

发包人应当在招标文件中明确质量保证金预留、返还等内容，并与承包人在合同条款中对涉及质量保证金的下列事项进行约定：

（1）质量保证金预留、返还方式。

（2）质量保证金预留比例、期限。

（3）质量保证金是否计付利息，如计付利息，利息的计算方式。

（4）缺陷责任期（工程质量保修期）的期限及计算方式。

（5）质量保证金预留与返还、工程维修质量与费用等争议的处理程序。

（6）缺陷责任期（工程质量保修期）内出现缺陷的索赔方式。

（7）逾期返还质量保证金的违约金支付办法及违约责任。

2. 担保

质量保证金推行银行保函制度，承包人可以银行保函替代预留质量保证金。在工程项目完工前，已经缴纳履约保证金的，发包人不得同时预留质量保证金。

采用工程质量保证担保、工程质量保险等其他保证方式的，发包人不得再预留质量保证金。

3. 额度

发包人应按照合同约定方式预留质量保证金，质量保证金总预留比例不得高于工程价款结算总额的3%。合同约定由承包人以银行保函替代预留质量保证金的，保函金额不得高于工程价款结算总额的3%。质量保证金的计算额度不含扣回的预付款。

4. 使用范围

质量保证金担保的期限是缺陷责任期（工程质量保修期）全过程。缺陷责任期（工程质量保修期）内，由承包人原因造成的缺陷，承包人应负责维修，并承担鉴定及维修费用。如承包人不维修也不承担费用，发包人可按合同约定从质量保证金或银行保函中扣除；费用超出质量保证金额的，发包人可按合同约定向承包人进行索赔。承包人维修并承担相应费用后，不免除对工程的损失赔偿责任。

由他人原因造成的缺陷，发包人负责组织维修，承包人不承担费用，且发包人不得从质量保证金中扣除费用。

5. 退还

合同工程完工证书颁发后14天内，发包人将质量保证金总额的一半支付给承包人。

在约定的缺陷责任期（工程质量保修期）满时，发包人将在30个工作日内会同承包人按照合同约定的内容核实承包人是否完成保修责任。如无异议，发包人应当在核实后将剩余的质量保证金支付给承包人。在约定的缺陷责任期满时，承包人没有完成缺陷责任的，发包人有权扣留与未履行责任剩余工作所需金额相应的质量保证金余额，并有权根据约定要求延长缺陷责任期（工程质量保修期），直至完成剩余工作为止。对返还期限没有约定或者约定不明确的，发包人应当在核实后14天内将质量保证金返还承包人，逾期未返还的，依法承担违约责任。发包人在接到承包人返还质量保证金申请后14天内不予答复，经催告后14天内仍不予答复，视同认可承包人的返还质量保证金申请。

（三）最终结清程序

最终结清一般按下列程序进行：

1. 承包人提交最终结清申请单

缺陷责任期（工程质量保修期）终止证书签发后，承包人应按监理人批准的格式提交最终结清申请单。提交最终结清申请单的份数具体应在合同专用合同条款中约定。

发包人（或监理人）对最终结清申请单内容有异议的，有权要求承包人进行修正和提供补充资料，由承包人向监理人提交修正后的最终结清申请单。需要注意的是，承包人按合同约定提交的最终结清申请单中，只限于提出合同工程完工证书颁发后发生的索赔。

2. 监理人和发包人审核

监理人收到承包人提交的最终结清申请单后的14天内，提出发包人应支付给承包人的价款送发包人审核并抄送承包人。发包人应在收到后14天内审核完毕，由监理人向承包人出具经发包人签认的最终结清证书。监理人未在约定时间内核查，又未提出具体意见的，视为承包人提交的最终结清申请已经监理人核查同意；发包人未在约定时间内审核又未提出具体意见的，监理人提出应支付给承包人的价款视为已经发包人同意。

3. 发包人支付

发包人应在监理人出具最终结清证书后的14天内，将应支付款支付给承包人。发包人不按期支付的，按合同约定，将逾期付款违约金支付给承包人。

三、合同解除

1. 无效合同导致的合同解除

《中华人民共和国民法典》规定，建设工程合同是承包人进行工程建设，发包人支付价款的合同。国家重大建设工程合同，应当按照国家规定的程序和国家批准的投资计划、可行性研究报告等文件订立。符合必须招标的规模和范围标准的工程建设项目合同必须通过招标投标方式订立。若因为种种原因导致建设工程施工合同无效，但是建设工程经验收合格的，根据第七百九十三条规定，可以参照合同关于工程价款的约定折价补偿承包人。建设工程施工合同无效，且建设工程经验收不合格的，按照以下情形处理：

（1）修复后的建设工程经验收合格的，发包人可以请求承包人承担修复费用。

（2）修复后的建设工程经验收不合格的，承包人无权请求参照合同关于工程价款的约定折价补偿。

发包人对因建设工程不合格造成的损失有过错的，应当承担相应的责任。

2. 承包人违约引起的合同解除

《中华人民共和国民法典》第八百零六条规定，承包人将建设工程转包、违法分包的，发包人可以解除合同。合同解除后已经完成的建设工程质量合格的，发包人应当按照合同约定支付相应的工程价款；已经完成的建设工程质量不合格的，参照第七百九十三条的规定处理。

《水利水电工程标准施工招标文件》（2009年版）规定，承包人无法履行合同或明示不履行或实质上已停止履行合同的，发包人可通知承包人立即解除合同；承包人违约的其他情形，监理人发出整改通知28天后，承包人仍不纠正违约行为的，发包人可向承包人发出解除合同通知。合同解除后，发包人可派员进驻施工场地，另行组织人员或委托其他承包人施工。发包人因继续完成该工程的需要，有权扣留使用承包人在现场的材料、设备和临时设施。但发包人的这一行为不免除承包人应承担的违约责任，也不影响发包人根据合同约定享有的索赔权利。

因承包人违约造成施工合同解除的，监理人应就合同解除前承包人应得到但未支付的工程价款和费用签发付款证书，但应扣除根据施工合同约定应由承包人承担的违约费用。

因承包人违约造成施工合同解除的，发包人应暂停向承包人支付任何价款，并在合同解除后28天内核实合同解除时承包人已完成的全部合同价款以及按施工进度计划已运至现场的材料和工程设备货款，按合同约定核算承包人应支付的违约金以及造成损失的索赔金额，并将结果通知承包人。发承包双方应在28天内予以确认或提出意见，并办理结算合同价款。如果发包人应扣除的金额超过了应支付的金额，则承包人应在合同解除后的56天内将其差额退还给发包人。

合同双方若确认上述往来款项后，出具最终结清付款证书，结清全部合同款项；若发承包双方不能就解除合同后的结算达成一致的，按照合同约定的争议解决方式处理。

因承包人违约解除合同后，将由发包人或发包人雇用的其他承包人继续施工。为保证工程能顺利延续施工，承包人应按约定，将在此之前为实施本合同与其他人签订的任何材料、设备、服务协议和利益，通过法律程序转让给发包人。

合同解除后，合同双方应尽快进行结算，由监理人通过调查取证后，与发包人和承包人按前述约定进行估价和结算。估价和结算的原则如下：

（1）涉及解除合同前已发生的费用仍按原合同约定结算。

（2）承包人应合理赔偿发包人因更换承包人所造成的损失。

（3）发包人需要使用的原承包人材料、设备和临时设施的费用由监理人与合同双方商定或确定。

3. 发包人违约引起的合同解除

发包人提供的主要建筑材料、建筑构配件和设备不符合强制性标准或者不履行协助义务，致使承包人无法施工，经催告后在合理期限内仍未履行相应义务的，承包人可以解除合同。

《水利水电工程标准施工招标文件》（2009年版）规定，发包人无法继续履行或明确表示不履行或实质上已停止履行合同的，承包人可书面通知发包人解除合同；发包人发生其他违约情形（发包人违约情形参见本章第六节工程索赔），承包人按合同的约定暂停施工 28 天后，发包人仍不纠正违约行为的，承包人可向发包人发出解除合同通知。但承包人的这一行动不免除发包人承担的违约责任，也不影响承包人根据合同约定享有的索赔权利。

因发包人违约解除合同的，监理人应就合同解除前承包人所应得到但未支付的工程价款和费用签发付款证书。发包人应在解除合同后 28 天内向承包人支付下列金额，承包人应在此期限内及时向发包人提交要求支付下列金额的有关资料和凭证：

（1）合同解除日以前所完成工作的价款。

（2）承包人为该工程施工订购并已付款的材料、工程设备和其他物品的金额。发包人付款后，该材料、工程设备和其他物品归发包人所有。

（3）承包人为完成工程所发生的，而发包人未支付的金额。

（4）承包人撤离施工场地以及遣散承包人人员的金额。

（5）由于解除合同应赔偿的承包人损失。

（6）按合同约定在合同解除日前应支付给承包人的其他金额。

发包人应按本项约定支付上述金额并退还质量保证金和履约担保，但有权要求承包人支付应偿还给发包人的各项金额。

因发包人违约而解除合同后，承包人应妥善做好已完工工程、已购材料和设备的保护和移交工作，按发包人要求将承包人设备和人员撤出施工场地。承包人撤出施工场地应遵守合同的约定，发包人应为承包人撤出提供必要条件。

4. 不可抗力引起的合同解除

在履行合同过程中，发生不可抗力事件使一方或双方无法继续履行合同时，可解除合同。因不可抗力致使施工合同解除的，监理人应根据施工合同约定，就承包人应得到但未支付的工程价款和费用签发付款证书。

对于不可抗力造成损害的责任，除专用合同条款另有约定外，不可抗力导致的人员伤亡、财产损失、费用增加和（或）工期延误等后果，由合同双方按以下原则承担：

（1）永久工程，包括已运至施工场地的材料和工程设备的损害，以及因工程损害造成的第三者人员伤亡和财产损失由发包人承担。

（2）承包人设备的损坏由承包人承担。

（3）发包人和承包人各自承担其人员伤亡和其他财产损失及相关费用。

（4）承包人的停工损失由承包人承担，但停工期间应监理人要求照管工程和清理、修复工程的金额由发包人承担。

（5）不能按期完工的，应合理延长工期，承包人不需支付逾期完工违约金。发包人要求赶工的，承包人应采取赶工措施，赶工费用由发包人承担。

合同一方当事人延迟履行合同，在延迟履行合同期间发生不可抗力的，不免除其责任。不可抗力发生后，发包人和承包人均应采取措施尽量避免和减少损失的扩大，任何一方没有采取有效措施导致损失扩大的，应对扩大的损失承担责任。

合同一方当事人因不可抗力不能履行合同的，应当及时通知对方解除合同。合同解除后，承包人应按照合同约定撤离施工场地。已经订货的材料、设备由订货方负责退货或解除订货合同，不能退还的货款和因退货、解除订货合同发生的费用，由发包人承担，因未及时退货造成的损失由责任方承担。合同解除后的付款，由监理人按照合同的约定，与发包人和承包人商定或确定。

思　考　题

4-1　常用资金使用计划的编制方法有哪些？

4-2　工程预付款数额如何确定及扣还？

4-3　简述工程计量的一般规定、程序、原则、内容、工作方式及方法。

4-4　简述工程进度付款的程序。

4-5　简述合同变更的范围、内容及程序。如何确定合同变更价格？

4-6　简述索赔产生的原因及索赔的程序。

4-7　费用索赔中哪些费用不允许索赔？

4-8　简述工期索赔的具体依据及应当注意的问题。

4-9　物价波动引起合同价格调整的方法有哪些？如何计算价格？

第五章　竣工财务决算和项目后评价

竣工财务决算是工程项目在竣工验收前对工程项目从筹建到竣工投产全过程中所花费的所有费用的汇总，是核定工程项目总造价的重要工作。项目后评价是项目正常投产后项目实际效果和预期收益的综合评价，是对项目前期工作和建设工程的一个综合评价。

第一节　建设项目竣工财务决算

建设项目竣工财务决算是正确核定项目资产价值、反映竣工项目建设成果的文件，是办理资产移交和产权登记的依据，包括竣工财务决算报表、竣工财务决算说明书以及相关材料。

经批复的竣工财务决算是确认投资支出、资产价值和结余资金，办理资产移交、产权登记和投资核销的最终依据。

一、竣工财务决算的一般要求

工程类项目竣工财务决算以建筑施工、设备采购安装为主要实施内容，是以建筑物或构筑物为主要目标产出物或在项目完成后形成一定实物工作量为对象的基本建设项目竣工财务决算。

非工程类项目竣工财务决算以水利规划、工程项目前期、专题研究、基础性工作等为主要实施内容，项目完成后一般不形成实物工作量的基本建设项目竣工财务决算。

竣工财务决算应由项目法人或项目责任单位组织编制。竣工财务决算批复前，项目法人确需撤销的，撤销该项目法人的单位应指定有关机构承接相关责任。

代理记账、会计集中核算、代建、设计、监理、施工、征地和移民安置实施等单位应给予配合。项目法人可通过合同（协议）明确配合的具体内容。

计划、统计工程技术和合同管理等专门人员，组成专门团队或机构共同完成竣工财务决算工作。参与建设项目的咨询、勘察、设计、监理、施工等有关单位应积极配合，向项目法人提供有关资料。

项目法人的法定代表人对竣工财务决算和有关资料的真实性、完整性负责。

竣工财务决算必须按国家相关要求，整理归档，永久保存。

竣工财务决算基准日是基本建设项目财务收支、资产价值确定等会计核算业务在竣工财务决算中反映的截止日期。竣工财务决算的时间段是项目建设的全过程，包括从筹建到竣工验收的全部时间。竣工财务决算的范围是整个建设项目，包括主体工程、附属工程以及建设项目前期费用和相关的全部费用。

二、竣工财务决算的编制依据

竣工财务决算的编制依据包括下列内容：

(1) 国家有关法律法规、规范、标准：

1)《基本建设财务规则》(财政部令第81号)。

2)《基本建设项目竣工财务决算管理暂行办法》(财建〔2016〕503号)。

3)《水利工程建设项目档案管理规定》(水办〔2021〕200号)。

4)《水利基本建设项目竣工财务决算编制规程》(SL/T 19—2023)。

(2) 经批准的可行性研究报告、初步设计及重大设计变更、项目任务书、概(预)算文件。

(3) 年度投资计划和预算。

(4) 招投标和政府采购文件。

(5) 合同(协议)。

(6) 工程价款结算资料。

(7) 会计核算及财务管理资料。

(8) 其他资料。

三、竣工财务决算的编制条件

竣工财务决算的编制条件包括下列内容：

(1) 经批准的初步设计、项目任务书所确定的内容已完成。

(2) 建设资金全部到位。

(3) 已按相应规定完成竣工验收。

(4) 竣工(完工)结算已完成。

(5) 尾工工程投资及预留费用金额不超过规定比例。

(6) 涉及法律诉讼、工程质量、建设征地移民补偿的事项已处理完成。

(7) 其他影响竣工财务决算编制的重大问题已解决。

四、竣工财务决算的编制规定

竣工财务决算有如下编制规定：

(1) 水利基本建设项目竣工财务决算应严格按《水利基本建设项目竣工财务决算编制规程》(SL 19—2023) 规定的内容、格式编制。非工程类项目可根据项目实际情况和有关规定适当简化，原则上不得改变编制规程规定的格式，不得减少应编报的内容。

(2) 依据《政府投资条例》(国务院令第712号) 第四章第二十五条，政府投资项目建成后，应当按照国家有关规定进行竣工验收，并在竣工验收合格后及时办理竣工财务决算。建设项目完成并满足竣工财务决算编制条件后，项目法人应在规定的期限内完成竣工财务决算的编制工作。大中型项目的期限为3个月，小型项目的期限为1个月。如特殊情况不能在规定期限内完成编制工作的，报经竣工验收主持单位同意后可适当延期。

(3) 项目法人应从项目筹建起，指定专人负责竣工财务决算的编制工作，并应明确财务、计划、工程技术等部门的相应职责。竣工财务决算的编制人员应保持相对稳定。

(4) 竣工财务决算应区分大中型项目、小型项目，应按项目规模分别编制。项目规模以批复的设计文件为准。设计文件未明确项目规模的，非经营性项目投资额在3000万元（含3000万元）以上、经营性项目投资额在5000万元（含5000万元）以上的为大中型项目；其他项目为小型项目。

(5) 建设项目包括两个或两个以上独立概算的单项工程的，单项工程竣工时，可编制单项工程竣工财务决算。建设项目全部竣工后，应编制该项目的竣工财务总决算。建设项目是大中型项目而单项工程是小型项目的，应按大中型项目的编制要求编制单项工程竣工财务决算。

(6) 纳入竣工财务决算的尾工工程投资及预留费用，大中型工程应控制在总概算的3%以内；小型工程应控制在总概算的5%以内。非工程类项目除预留与项目验收有关的费用外，不应预留其他费用。

五、竣工财务决算编制程序和方法

(一) 竣工财务决算编制程序

竣工财务决算编制可分为编制准备阶段、编制实施阶段、编制完成阶段3个阶段。

(1) 竣工财务决算编制准备阶段应完成下列主要工作：

1) 制定竣工财务决算编制方案。

2) 收集整理与竣工财务决算相关的项目资料。

3) 竣工财务清理。

4) 确定竣工财务决算基准日。

(2) 竣工财务决算编制实施阶段应完成下列主要工作：

1) 计列尾工工程投资及预留费用。

2) 概（预）算与核算口径对应分析。

3) 分摊待摊投资。

4) 确认资产交付。

(3) 竣工财务决算编制完成阶段应完成下列主要工作：

1) 填列竣工财务决算报表。

2) 编写竣工财务决算说明书。

小型工程、非工程类项目可适当简化编制程序。

(二) 竣工财务决算编制方法

1. 编制准备阶段

(1) 竣工财务决算编制方案宜明确下列主要事项：

1) 组织领导和职责分工。

2) 竣工财务决算基准日。

3) 编制具体内容。

4）计划进度和工作步骤。

5）技术难题和解决方案。

（2）竣工财务决算编制应收集与整理下列主要资料：

1）会计凭证、账簿和会计报告。

2）内部财务管理制度。

3）初步设计（项目任务书）、设计变更、预备费动用等相关资料。

4）年度投资计划、预算（资金）文件。

5）招投标、政府采购及合同（协议）。

6）工程量和材料消耗统计资料。

7）建设征地移民补偿实施及资金使用情况。

8）价款结算资料。

9）项目验收、成果及效益资料。

10）审计、稽察、财务检查结论性文件及整改资料。

（3）收集整理工程量和材料消耗、建设征地移民补偿实施及资金使用等涉及其他参建单位的资料，项目法人应与资料提供单位进行核实确认。

（4）竣工财务清理应完成下列主要事项：

1）合同（协议）清理。清理各类合同（协议）的结算和支付情况，并确认其履行结果。

2）债权债务清理。应收（预付）款项的回收、结算以及应付（预付）款项的清偿。

3）结余资金清理。将实物形态的基建结余资金转化为货币形态或转为应移交资产。

4）应移交资产清理。清查盘点应移交资产，确认资产信息并做到账实相符。

（5）竣工财务决算基准日应依据资金到位、投资完成、竣工财务清理等情况确定。竣工财务决算基准日宜确定为月末。

（6）竣工财务决算基准日确定后，与项目建设成本、资产价值相关联的会计业务应在竣工财务决算基准日期前入账。关联的会计业务应主要包括下列内容：

1）竣工财务清理的账务处理。

2）尾工工程投资及预留费用的账务处理。

3）分摊待摊投资的账务处理。

2. 编制实施阶段

（1）尾工工程投资及预留费用应满足项目实施和管理的需要，以项目概（预）算、任务书、合同（协议）等为依据合理计列。已签订合同（协议）的，应按相关条款的约定进行测算；尚未签订合同（协议）的，尾工工程投资和预留费用金额不应突破相应的概（预）算、任务书标准。

（2）大型工程应按概（预）算二级项目分析概（预）算执行情况；中型工程应按概（预）算一级项目分析概（预）算执行情况。会计核算与概（预）算的口径差异应予以调整。

（3）待摊投资应分摊计入资产价值、转出投资价值和待核销基建支出，其中：能够确定由某项资产负担的，待摊投资应直接计入该资产成本；不能确定负担对象的，待摊投资应分摊计入受益的各项资产成本。

（4）待摊投资应包括下列分摊对象：

1）房屋、建筑物及构筑物。

2）需要安装的通用设备。

3）需要安装的专用设备。

4）其他分摊对象。

（5）分摊待摊投资可采用下列方法计算。

1）按实际数的比例分摊，可按下式计算：

$$D_F = J_S \times F_S \tag{5-1}$$

$$F_S = \frac{D_S}{DX_S} \times 100\% \tag{5-2}$$

式中 D_F——某资产应分摊的待摊投资；

J_S——某资产应负担待摊投资部分的实际价值；

F_S——实际分配率；

D_S——上期结转和本期发生的待摊投资合计（扣除可直接计入的待摊投资）；

DX_S——上期结转和本期发生的建筑安装工程投资、安装设备投资和其他投资中应负担待摊费用的合计。

2）按概算数的比例分摊，可按下式计算：

$$D_F = J_S \times F_Y \tag{5-3}$$

$$F_Y = \frac{D_Y}{DX_Y} \times 100\% \tag{5-4}$$

式中 F_Y——预定分配率；

D_Y——概算中各项待摊投资项目合计（扣除可直接计入的待摊投资）；

DX_Y——概算中建筑安装工程投资、安装设备投资和其他投资中应负担待摊投资的合计。

（6）交付使用资产应以具有独立使用价值的固定资产、流动资产、无形资产、水利基础设施等作为计算和交付对象，并与接收单位资产核算和管理的需要相衔接。资产交付对象的确定宜遵守《水利固定资产分类与代码》（SL 731）的相应规定。

（7）作为转出投资或待核销基建支出处理的相关资产，项目法人应与有关部门明确产权关系，并在竣工财务决算说明书和竣工财务决算报表中说明。

（8）项目法人购买的自用固定资产直接交付使用单位的，应按自用固定资产购置成本或扣除累计折旧后的金额转入交付使用。

（9）全部或部分由尾工工程投资形成的资产应在竣工财务决算报表中备注，并在竣工财务决算说明书中说明。

（10）群众投劳折资形成的资产应在竣工财务决算说明书中说明。

3. 编制完成阶段

（1）填列竣工财务决算报表应采用下列主要数据来源：

1）概（预）算等设计文件。

2）年度投资计划和预算文件。

3）会计账簿。

4）辅助核算资料。

5）项目统计资料。

6）竣工财务决算编制各阶段工作成果。

（2）填列报表前应核实数据的真实性、准确性。

（3）填列报表后，项目法人应对竣工财务决算报表进行审核，主要包括下列事项：

1）报表及各项指标填列的完整性。

2）报表数据与账簿记录的相符性。

3）表内的平衡关系。

4）报表之间的勾稽关系。

（4）竣工财务决算说明书应做到反映完整、真实可靠。

（5）项目基本情况应总括反映项目立项、建设内容和建设过程、建设管理组织体制等。

（6）年度投资计划、预算下达及资金到位应按资金性质和来源渠道分别列示。

（7）工程类项目概（预）算执行情况应反映概（预）算执行结果和概（预）算执行情况分析。

（8）非工程类项目支出情况应反映支出情况、支出构成及资金结余情况。

（9）招投标、政府采购及合同（协议）执行情况应说明主要标段的招标投标过程及合同（协议）履行过程中的重要事项。实行政府采购的项目，应说明政府采购预算、采购计划、采购方式、采购内容等事项。

（10）建设征地移民补偿情况应说明征地补偿和移民安置的组织与实施、征迁范围和补偿标准、资金使用管理、审计、验收等情况。

（11）重大设计变更及预备费动用情况应说明重大设计变更及预备费动用的原因、内容和报批等情况。

（12）尾工工程投资及预留费用情况应反映下列内容：

1）计列的原因和内容。

2）计算方法和计算过程。

3）占总投资比重。

（13）财务管理情况应反映下列内容：

1）财务机构设置与财会人员配备情况。

2）会计账务处理及财经法规执行情况。

3）内部财务管理制度建立与执行情况。

4）财产物资清理及债权债务清偿情况。

5）竣工财务决算编制各阶段完成的主要财务事项。

（14）审计、稽察、财务检查等发现问题及整改落实情况应说明项目实施过程中接受的审计、稽察、财务检查等外部检查下达的结论及对结论中相关问题的整改落实情况。

(15) 绩效管理情况应反映下列内容：

1) 绩效管理工作开展情况。

2) 预算批复的绩效目标和指标。

3) 绩效目标和指标实际完成情况。

4) 绩效偏差及原因分析。

(16) 报表编制说明应对填列的报表及具体指标进行分析解释，清晰反映报表的重要信息。

六、竣工财务决算的编制内容

竣工财务决算编制内容应全面反映项目概（预）算及执行、基本建设支出及资产形成情况，包括按照批准的建设内容，从项目筹建之日起至竣工财务决算基准日止的全部成本费用。水利基本建设项目竣工财务决算格式详见《水利基本建设项目竣工财务决算编制规程》(SL/T 19—2023)。项目法人可增设有关反映重要事项的辅助报表。

(一) 工程类项目

工程类项目竣工财务决算应由竣工财务决算封面及目录、竣工工程平面示意图及主体工程照片、竣工财务决算说明书、竣工财务决算报表、其他资料5部分组成。

(1) 工程类项目竣工财务决算说明书应反映下列主要内容：

1) 项目基本情况。

2) 年度投资计划、预算下达及资金到位情况。

3) 概（预）算执行情况。

4) 招投标、政府采购及合同（协议）执行情况。

5) 建设征地移民补偿情况。

6) 重大设计变更及预备费动用情况。

7) 尾工工程投资及预留费用情况。

8) 财务管理情况。

9) 审计、稽察、财务检查等发现问题及整改落实情况。

10) 绩效管理情况。

11) 其他需说明的事项。

12) 报表编制说明。

(2) 工程类竣工财务决算报表应包括下列9张表格：

1) 水利基本建设项目概况表。

2) 水利基本建设项目财务决算表及附表。

3) 水利基本建设项目投资分析表。

4) 水利基本建设项目尾工工程投资及预留费用表。

5) 水利基本建设项目待摊投资明细表。

6) 水利基本建设项目待摊投资分摊表。

7）水利基本建设项目交付使用资产表。

8）水利基本建设项目待核销基建支出表。

9）水利基本建设项目转出投资表。

（二）非工程类项目

非工程类项目竣工财务决算应由竣工财务决算封面及目录、竣工财务决算说明书、竣工财务决算报表、其他资料4部分组成。

（1）非工程类项目竣工财务决算说明书应反映下列主要内容：

1）项目基本情况。

2）年度投资计划、预算下达及资金到位情况。

3）项目支出情况。

4）招投标、政府采购及合同（协议）执行情况。

5）预留费用情况。

6）财务管理情况。

7）审计、稽察、财务检查等发现问题及整改落实情况。

8）绩效管理情况。

9）其他需说明的事项。

10）报表编制说明。

（2）非工程类竣工财务决算报表应包括下列5张表格：

1）水利基本建设项目基本情况表。

2）水利基本建设项目财务决算表及附表。

3）水利基本建设项目支出表。

4）水利基本建设项目技术成果表。

5）水利基本建设项目交付使用资产表。

七、竣工财务决算审查要点

（1）工程价款结算是否准确，是否按照合同约定和国家有关规定进行，有无多算和重复计算工程量、高估冒算建筑材料价格现象。

（2）待摊费用支出及其分摊是否合理、正确。

（3）项目是否按照批准的概（预）算内容实施，有无超标准、超规模、超概（预）算建设现象。

（4）项目资金是否全部到位，核算是否规范，资金使用是否合理，有无挤占、挪用现象。

（5）项目形成资产是否得到全面反映，计价是否准确，资产接收单位是否落实。

（6）项目在建设过程中历次检查和审计所提的重大问题是否已经整改落实。

（7）待核销基建支出和转出投资有无依据，是否合理。

（8）竣工财务决算报表所填列的数据是否完整，表间逻辑关系是否清晰、正确。

（9）尾工工程及预留费用是否控制在概算确定的范围内，预留的金额和比例是否合理。

（10）项目建设是否履行基本建设程序，是否符合国家有关建设管理制度要求等。

(11) 决算的内容和格式是否符合国家有关规定。

(12) 决算资料报送是否完整、决算数据是否存在错误。

(13) 相关主管部门或者第三方专业机构是否出具审核意见。

八、水利基本建设项目竣工财务决算审计

《中华人民共和国审计法实施条例》规定，审计机关对政府投资和以政府投资为主的建设项目的总预算或者概算的执行情况、年度预算的执行情况和年度决算、单项工程结算、项目竣工决算，依法进行审计监督；进行审计时，可以对直接有关的设计、施工、供货等单位取得建设项目资金的真实性、合法性进行调查。

1. 竣工财务决算报表审计

竣工财务决算报表审计主要是审计竣工财务决算说明书的真实性、准确性及完整性，以及“水利基本建设竣工项目概况表”等8张竣工财务决算报表［详见《水利基本建设项目竣工财务决算编制规程》（SL/T 19—2023）附录B“工程类项目竣工财务决算报表格式”、附录D“工程类项目竣工财务决算报表编制说明”］的编制的真实性、完整性和合法性。

2. 投资及概算执行情况审计

投资及概算执行情况审计主要审计内容包括：

(1) 各种资金渠道投入的实际金额，资金不到位的数额及原因。

(2) 实际投资完成额。

(3) 概算审批、执行的真实性和合法性。

(4) 概算调整的真实性和合法性。包括概算调整的原则、各种调整系数、设计变更和估算增加的费用等。

(5) 核实建设项目超概算的金额，分析原因，并审查扩大规模、提高标准和计划外投资的情况；审查弥补资金缺口的来源，有无挤占、挪用其他基建资金和专项资金的情况。

3. 建设支出审计

建设支出审计主要是审计建筑安装工程支出、设备投资支出、待摊投资支出、其他投资支出、待核销基建支出和转出投资列支的内容和费用摊提的真实性、合法性和效益性。

4. 交付使用资产情况审计

交付使用资产情况审计主要是审计交付使用的固定资产、流动资产是否真实，手续是否完备；交付使用的无形资产的计价依据；交付使用的递延资产的情况。

5. 未完工程及所需资金审计

未完工程及所需资金审计主要是审计水利基本建设项目未完成工程量及所需要的投资情况，所需资金和额度的留存及有无新增工程内容等情况。

6. 建设收入审计

建设收入审计主要是审计水利基本建设项目建设收入的来源、分配、上缴和留成使用情况的真实性和合法性。

7. 结余资金审计

结余资金审计主要审计内容包括：

(1) 银行存款、现金和其他货币资金的情况。

(2) 尚未使用的财政直接支付和授权支付额度情况。

(3) 库存物资实存量的真实性，有无积压、隐瞒、转移、挪用等问题。

(4) 各项债权债务的真实性，有无转移、挪用建设资金和债权债务清理不及时等问题，赖账坏账的处理情况等。

(5) 按照有关规定，计提的投资包干节余数额是否准确、是否合理合法。

8. 工程和物资招投标执行情况审计

工程和物资招投标执行情况审计主要审计内容包括：

(1) 工程勘测、设计、施工及物资采购是否按照规定进行了招标。

(2) 所订合同或协议的相关条款是否完备、是否全面履行。

(3) 合同变更、解除是否按规定履行了必要的手续。

(4) 对违约者是否依照有关条款追究责任等。

9. 决算审计与工程竣工结算

决算审计与工程竣工结算是两个不同阶段。决算审计是工程实施的最后阶段，此时，工程款支付已完成，不应将工程竣工结算与决算审计挂钩。涉及支付问题，应按如下文件执行。

2017 年 2 月，全国人大常委会法制工作委员会印发《对地方性法规中以审计结果作为政府投资建设项目竣工结算依据有关规定的研究意见》，要求各省（自治区、直辖市）人民代表大会常务委员会对所制定或者批准的与审计相关的地方性法规开展自查，对有关条款进行清理纠正。

2017 年 9 月，审计署印发了《关于进一步完善和规范投资审计工作的意见》（审投发〔2017〕30 号）等一系列文件和规定，文件明确“对平等民事主体在合同中约定采用审计结果作为竣工结算依据的，审计机关应依照合同法等有关规定，尊重双方意愿。”2020 年 10 月，审计署、国家发展改革委、财政部、住房和城乡建设部、国家市场监督管理总局五部委联合发文废止了《建设项目审计处理暂行规定》。2021 年 6 月审计署、国家发展改革委联合发文废止了施行多年的《基本建设项目竣工决算审计试行办法》，各省市同时对出台的地方性审计（监督）条例或办法进行了清理，对政府投资建设项目中“以审代结”等问题进行了纠正。

第二节 项目后评价

水利部发布的《水利建设项目后评价管理办法（试行）》（水规计〔2010〕51 号）中明确水利建设项目后评价是水利建设投资管理程序的重要环节，是在项目竣工验收且投入使用后，或未进行竣工验收但主体工程已建成投产多年后，对照项目立项及建设相关文件资料，与项目建成后所达到的实际效果进行对比分析，总结经验教训，提出对策建议。水利工程建设项目后评价（以下简称“项目后评价”）应当遵照国家和水利部的有关规定以及遵循独立、公正、客观、科学的原则进行。

一、项目后评价的目的

项目后评价是基本建设程序的一个重要阶段和加强建设项目管理的重要环节，也是改进投资决策水平、提高投资效益的重要手段。水利建设项目竣工验收并投入使用后，运用规范、科学、系统的方法，对项目决策、建设实施和运行管理等各阶段及工程建成后的效益、作用和影响进行综合评价，以达到总结经验、吸取教训、不断提高项目决策和建设管理水平的目的。开展项目后评价工作，可以为改进建设项目的决策、设计、施工、管理等工作创造条件，为改进建设投资管理的信息反馈机制、建立和完善政府投资监管体系和责任追究制度奠定基础。

二、项目后评价的组织和项目选择

（一）后评价项目组织

水利部负责组织开展中央政府投资水利建设项目的后评价工作，指导全国水利建设项目后评价工作。《水利建设项目后评价管理办法（试行）》（水规计〔2010〕51号）指出：水利部每年研究确定需要开展后评价工作的项目名单，制定项目后评价年度计划，印送有关项目主管部门和项目管理单位。水利工程建设项目后评价由水利部委托具有相应能力和资格的工程咨询机构进行。

（二）后评价项目选择

水利部组织开展水利建设项目后评价工作，主要从以下项目中选择：

（1）对行业和地区社会经济发展有重大意义的项目。

（2）对资源、环境有重大影响的项目。

（3）对优化水资源配置、保障防洪安全、供水安全有重要作用的项目。

（4）建设规模大、条件复杂、工期长、投资多，以及项目建设过程中发生重大方案调整的项目。

（5）征地、拆迁、移民安置规模大的项目。

（6）采用新技术、新材料、新型投融资和建设管理模式，以及其他有示范意义的项目。

（7）单项投资比较小，但数量多、受益面广、投资周期长、关系社会民生的项目。

（8）社会影响大、舆论普遍关注的项目。

三、项目自我总结评价

水利部每年确定项目后评价年度计划后，项目管理单位应在后评价年度计划下达后3个月内，开展项目自我总结评价工作，完成自我总结评价报告，报告主管部门，并报送水利部。

项目单位可委托具有相应资格的工程咨询机构编写自我总结评价报告。项目单位对自我总结评价报告及相关附件的真实性负责。自我总结评价报告的主要内容如下：

（1）项目概况，包括项目目标、建设内容、投资估算、审批情况、资金来源及到位情况、实施进度、批准概算及执行情况等。

（2）项目实施过程总结，包括前期准备、建设实施、项目运行等。

（3）项目效果评价，包括技术水平、财务及经济效益、移民安置情况、社会影响、环境影响、水土保持等。

（4）项目目标和可持续性评价，包括目标实现程度、差距及原因、可持续能力等。

（5）项目总结，包括项目建设存在的主要问题、经验与教训和相关建议。

四、项目后评价的依据

按《水利建设项目后评价管理办法（试行）》（水规计〔2010〕51号）、《水利工程建设项目后评价报告编制规程》（SL 489—2010）规定，项目后评价的主要依据有以下几个方面：

（1）国家和行业的有关法律法规及技术标准。

（2）流域或区域的相关规划。

（3）批准的项目立项、投资计划、建设实施及运行管理有关文件资料。

（4）水利建设投资统计有关资料等。

五、项目后评价的内容

我国目前推行的项目后评价是包括过程评价、经济评价、环境影响评价、水土保持评价、移民安置评价、社会影响评价、目标和可持续性评价及综合评价等方面内容的全过程后评价。实际工作中可根据需要或在某些特定条件下，进行阶段性评价或专项评价，如勘测设计和立项决策评价、施工监理评价、生产经营评价、经济后评价、管理后评价、防洪后评价、灌溉后评价、发电后评价、资金筹措使用和还贷情况后评价等。详见《水利建设项目后评价管理办法（试行）》（水规计〔2010〕51号）、《水利工程建设项目后评价报告编制规程》（SL 489—2010）规定。

（一）过程评价

过程评价主要内容见表5-1。

表5-1　过程评价主要内容

<table>
<tr><td rowspan="3">前期工作评价</td><td>（1）项目建设的必要性和立项依据评价</td><td></td></tr>
<tr><td>（2）前期工作各阶段工作内容评价</td><td></td></tr>
<tr><td>（3）前期各阶段工作过程的评价</td><td></td></tr>
<tr><td rowspan="4">建设实施评价</td><td>（1）施工准备评价</td><td>1）建设管理体制。
2）前期工作情况</td></tr>
<tr><td>（2）项目建设实施评价</td><td>1）招标、合同。
2）进度。
3）验收。
4）资金。
5）新技术等</td></tr>
<tr><td>（3）生产准备评价</td><td>1）机构筹建。
2）生产准备</td></tr>
<tr><td>（4）验收工作评价</td><td></td></tr>
</table>

续表

运行管理评价	（1）运行管理体制的建立及运行情况	
	（2）工程管理及保护范围能否满足技术规定和安全运行需要	
	（3）维护、管理、运营、安全、项目功能进行系统评价	
提出过程评价结论		

（二）经济评价

经济评价主要内容见表5－2。

表5－2　经济评价主要内容

财务评价	（1）投资和费用计算	国民经济评价	（1）投资和费用计算
	（2）效益计算		（2）效益计算
	（3）分析评价		（3）分析评价
提出经济评价结论			

（三）环境影响评价

环境影响评价主要内容见表5－3。

表5－3　环境影响评价主要内容

环境影响评价	（1）工程影响区存在的与本工程建设相关的主要环境问题
	（2）评价工程建设与运行管理过程中有关环境保护法律法规方面的执行情况
	（3）分析工程建设与运行引起的各类环境变化，评价项目对环境产生的影响及趋势
	（4）评价环境保护措施、环境管理措施和环境监测方案的实施情况及其效果
	（5）提出环境影响评价结论

（四）水土保持评价

水土保持评价主要内容见表5－4。

表5－4　水土保持评价主要内容

水土保持评价	工程建设与运行管理中的主要水土流失问题
	评价工程建设与运行管理过程中水土保持法律法规的执行情况
	分析工程建设与运行引起的地貌、植被、土壤等的变化情况，对照批准的水土保持方案，评价水土保持措施的实施情况及其效果
	提出水土保持评价结论

（五）移民安置评价

移民安置评价主要内容见表5－5。

表5－5　移民安置评价主要内容

移民安置评价	分析移民安置规划实施前后实物指标的变化情况，评价移民安置总体规划、农村移民安置规划、城市集镇迁建规划、专业项目规划等实施情况，评价移民安置规划的合理性
	根据移民安置组织机构设置、制度建设、人员配备情况，评价其适宜性和职能的履行情况

续表

移民安置评价	评价各级政府所制定的移民安置政策及其实施效果，总结实施过程中的成功经验和存在的主要问题
	评价农村移民安置、城市集镇的迁建、移民专业项目在管理体制、采购招标、计划管理、资金管理、质量管理、验收、公众参与等方面的实施情况和效果，总结实施过程中的成功经验和存在的主要问题
	分析移民搬迁安置前后生产生活水平的变化情况，评价移民安置活动对区域经济所产生的影响，并预测其发展趋势
	评价移民后期扶持的实施效果

（六）社会影响评价

社会影响评价主要内容见表 5-6。

表 5-6　社会影响评价主要内容

社会影响评价	说明项目已经或可能涉及的直接、间接受益者群体和受损者群体及其所受到的影响。评价受影响人的参与程度
	分析项目对所在流域或区域自然资源、防灾减灾、土地利用、产业结构调整、生产力布局改变等方面的影响
	分析项目对所在流域或区域社会经济发展所带来的影响
	提出社会影响评价的结论

（七）目标和可持续性评价

目标和可持续性评价主要内容见表 5-7。

表 5-7　目标和可持续性评价主要内容

目标评价	对照项目建设目标，分析评价目标实现程度，与原定目标的偏离程度，并分析原因。项目目标主要指初步设计时所拟定的近期和远期建设目标
	综合分析项目目标的确定、评价项目实现过程和目标实现程度等因素，评价目标确定的正确程度
可持续性评价	外部条件评价
	内部条件评价
提出项目可持续发展的分析评价结论	

六、项目后评价报告

受委托的后评价机构应按照有关规定和要求完成项目后评价工作，并按国家现行的有关标准和规定，依据水利部颁发的《水利工程建设项目后评价报告编制规程》（SL 489—2010）编制项目后评价报告。项目后评价报告应反馈至项目投资决策部门、项目主管部门和各阶段参与该工程项目的各单位，以使项目的各参建单位总结经验教训，不断提高项目决策和管理的水平。

项目后评价报告的内容主要包括项目的过程评价、经济评价、环境影响评价、水土保持评价、移民安置评价、社会影响评价、目标和可持续性评价等方面。项目后评价报告的主报告应按《水利工程建设项目后评价报告编制规程》（SL 489—2010）的要求进行编制。对于需要专题调研、专题论证的内容，可根据需要单独成册。附件的内容可根据项目的具体情况确定。项目后评价报告主要内容见表5-8。

表5-8　　项目后评价报告主要内容

<table>
<tr><td rowspan="2">第1章
概述</td><td>一、项目概况</td><td>简要介绍项目在地区国民经济和社会发展，及流域、区域规划的地位和作用；
说明项目建设目标、规模及主要技术经济指标；
附，工程特征表和工程位置图等相关图表；
简述项目建议书等项目建设各阶段工作情况</td></tr>
<tr><td>二、后评价工作简述</td><td>简述项目后评价工作的委托单位、承担单位、协作单位等；
简述后评价的目的、原则、内容和主要工作过程等</td></tr>
<tr><td rowspan="3">第2章
过程评价</td><td>一、前期工作评价</td><td></td></tr>
<tr><td>二、建设实施评价</td><td></td></tr>
<tr><td>三、运行管理评价</td><td></td></tr>
<tr><td>第3章
经济评价</td><td colspan="2">依据的规程、规范和有关文件，基本原则；
经济评价选取的基本参数；
作出财务评价和国民经济评价</td></tr>
<tr><td>第4章
环境影响
评价</td><td colspan="2">评价过程中环境保护法律法规的执行情况；
分析建设与运行引起的自然环境、社会环境、生态环境和其他方面的变化；
评价项目对环境产生的主要有利影响和不利影响，并预测其发展趋势；
评价环境保护措施、环境管理措施和环境监测方案的实施情况及其效果；
提出环境影响评价结论</td></tr>
<tr><td>第5章
水土保持
评价</td><td colspan="2">简述工程影响区水土流失特征和成因，说明工程建设与运行管理中的主要水土流失问题；
评价工程建设与运行管理过程中水土保持法律法规的执行情况；
分析工程建设与运行引起的地貌、植被、土壤等的变化情况；
对照批准的水土保持方案，评价水土保持措施的实施情况及其效果；
提出水土保持评价结论；对水土保持管理和监测提出建议和意见</td></tr>
<tr><td>第6章
移民安置
评价</td><td colspan="2">分析移民安置规划实施前后实物指标的变化情况，评价移民安置规划的合理性；
评价移民安置政策及其实施效果，总结实施过程中的成功经验和存在的主要问题；
分析移民搬迁安置前后生产生活水平的变化情况；
评价移民安置活动对区域经济所产生的影响，并预测其发展趋势；
评价移民后期扶持的实施效果</td></tr>
<tr><td>第7章
社会影响
评价</td><td colspan="2">说明项目已经或可能涉及的直接、间接受益者群体和受损者群体及其所受到的影响；
分析项目对所在流域或区域自然资源、防灾减灾、土地利用、产业结构调整、生产力布局改变等方面的影响；
分析项目对所在流域或区域社会经济发展所带来的影响；
提出社会影响评价的结论；
提出扩大社会正面影响、减小社会负面影响的政策建议</td></tr>
<tr><td>第8章
目标和可持
续性评价</td><td colspan="2">分析评价目标实现程度，与原定目标的偏离程度并分析偏离原因；
分析外部条件和内外部条件对项目可持续性的影响；
提出项目可持续发展的分析评价结论，并根据需要提出应采取的措施</td></tr>
</table>

续表

第9章 结论与建议	从前期工作、建设实施、运行管理、财务经济、环境影响、水土保持、移民安置、社会影响、目标和可持续性几个方面进行综合评价，应高度概括并归纳项目在技术、经济、管理等多方面的主要成功经验；提出项目后评价主要结论，总结项目的主要成功经验；分析项目存在的主要问题，提出建议和需要采取的措施
附件	项目后评价报告附件的内容可根据项目的具体情况确定，一般应包括各专题报告、项目综合特性表及其他有关内容。专题报告可根据项目的特点，对与项目相关的专题内容如环境、可持续性、水土保持、移民、施工监理、生产经营等进行专题评价

思 考 题

5-1　简述竣工财务决算的主要内容。

5-2　简述竣工财务决算的编制方法。

5-3　简述水利工程竣工财务决算审计的主要内容。

5-4　简述项目后评价的目的。

5-5　简述项目后评价的内容。

5-6　简述水利工程建设项目后评价报告的主要内容。

参 考 文 献

[1] 中国水利工程协会．建设工程投资控制（水利工程）[M]．北京：中国水利水电出版社，2022.

[2] 中国水利水电勘测设计协会．建设工程造价案例分析（水利工程）[M]．郑州：黄河水利出版社，2019.

[3] 水利部．水利工程施工监理规范：SL 288—2014 [S]．北京：中国水利水电出版社，2014.

[4] 水利部．水利水电工程设计工程量计算规定：SL 328—2005 [S]．北京：中国水利水电出版社，2005.

[5] 交通运输部职业资格中心．交通运输工程目标控制（公路工程专业知识篇）[M]．北京：人民交通出版社股份有限公司，2023.

[6] 交通运输部职业资格中心．交通运输工程目标控制（基础知识篇）[M]．北京：人民交通出版社股份有限公司，2023.

[7] 交通运输部职业资格中心．交通运输工程监理案例分析（公路工程专业篇）[M]．北京：人民交通出版社股份有限公司，2023.

[8] 中国建设监理协会．建设工程投资控制（土木建筑工程）[M]．北京：中国建筑工业出版社，2023.

[9] 全国一级建造师执业资格考试用书编写委员会．水利水电工程管理与实务 [M]．北京：中国建筑工业出版社，2024.

[10] 本书编写组．中华人民共和国2007年版标准施工招标文件使用指南 [M]．北京：中国计划出版社，2008.

[11] 中华人民共和国民法典 [S]．北京：法律出版社，2020.

[12] 国家发展改革委，建设部．建设项目经济评价方法与参数：3版 [M]．北京：中国计划出版社，2006.

[13] 水利部．水利水电工程项目建议书编制规程：SL/T 617—2021 [S]．北京：中国水利水电出版社，2021.

[14] 水利部．水利水电工程可行性研究报告编制规程：SL/T 618—2021 [S]．北京：中国水利水电出版社，2021.

[15] 水利部．水利水电工程初步设计报告编制规程：SL/T 619—2021 [S]．北京：中国水利水电出版社，2021.

[16] 水利部．水利水电工程标准施工招标文件：2009年版 [M]．北京：中国水利水电出版社，2009.

[17] 水利部．水利基本建设项目竣工财务决算编制规程：SL/T 19—2023 [S]．北京：

中国水利水电出版社，2023.
[18] 水利部. 水利工程量清单计价规范：GB 50501—2017 [S]. 北京：中国计划出版社，2007.
[19] 水利部水利建设经济定额站. 水利工程设计概算编制规定 [M]. 郑州：黄河水利出版社，2002.
[20] 水利部水利建设经济定额站. 水利水电设备安装工程预算定额 [M]. 郑州：黄河水利出版社，2002.
[21] 水利部水利建设经济定额站，北京峡光经济技术咨询有限公司. 水利水电设备安装工程概算定额 [M]. 郑州：黄河水利出版社，2002.
[22] 水利部天津水利水电勘测设计研究院. 水土保持工程概算定额 [M]. 郑州：黄河水利出版社，2003.
[23] 黄河水文勘测设计院. 水利工程概算补充概算（水文设施工程专项）[M]. 郑州：黄河水利出版社，2006.
[24] 水利部水利水电规划设计总院. 水土保持工程概（估）算编制规定 [M]. 郑州：黄河水利出版社，2003.
[25] 水利部水利建设经济定额站. 水利工程设计概（估）算编制规定 [M]. 郑州：黄河水利出版社，2015.
[26] 水利部水利建设经济定额站. 水利建筑工程概算定额 [M]. 郑州：黄河水利出版社，2002.
[27] 水利部水利建设经济定额站. 水利建筑工程预算定额 [M]. 郑州：黄河水利出版社，2002.